사람이 벌레라니:
예쁜꼬마선충으로 보는 생명

사람이 벌레라니:
예쁜꼬마선충으로 보는 생명

초판 1쇄 2025년 8월 28일
글. 이준호
그림. 임현수
펴낸이. 주일우
편집. 이임호 정아린
디자인. 워크룸 프레스
펴낸곳. 이음
출판등록. 제2005-000137호
(2005년 6월 27일)
주소. 서울시 마포구 토정로 222
한국출판콘텐츠센터 210호
(04091)
전화. 02-3141-6126
팩스. 02-6455-4207
전자우편. editor@eumbooks.com
홈페이지. www.eumbooks.com
인스타그램. @eum_books

ISBN 9791194172154(03470)
값 17,000원

이 책은 저작권법에 의해 보호되는 저작물이므로 무단 전재와 무단 복제를 금합니다.

이 책의 전부 또는 일부를 이용하려면 반드시 저자와 이음의 동의를 받아야 합니다.

잘못된 책은 구매처에서 교환해 드립니다.

일러두기

1. 본문에서 더 궁금하거나 자세히 알고 싶으면 메일로 문의해 달라는 경우가 있다. 다음의 주소로 문의가 가능하다. elegans@snu.ac.kr

2. 유전자는 기울인 소문자로, 유전자 산물인 단백질은 대문자로 표기했다. 표현 형질을 나타낼 때는 첫 글자만 대문자로 쓴다. 예를 들어 Unc는 uncoordinated라는 표현 형질이다. *unc-101*은 유전자, 그 유전자에 변이가 생겨 표현 형질을 나타내면 Unc, UNC-101은 단백질을 의미한다.

사람이 벌레라니: 예쁜꼬마선충으로 보는 생명

이준호 글
임현수 그림

생명과학의 눈부신 발전에는 실험생물들의 기여가 결정적이었다. 식물로는 멘델이 키운 완두콩에 이어 애기장대가 있고, 동물로는 흰쥐와 초파리, 그리고 예쁜꼬마선충이 있다. 이 책의 저자 이준호 교수는 우리 학계에서 예쁜꼬마선충 연구를 시작한 선구자 중의 한 사람이다. 예쁜꼬마선충은 몸이 투명하고 세포 수가 1,000개 정도밖에 되지 않으며 인간과 비슷하게 19,000개 정도의 유전자를 지니고 있어 유전학과 발생학 연구에 안성맞춤이다. 하지만 아무런 인프라가 없던 시절에 새로운 연구에 도전하는 것은 엄청난 모험이었다. 이준호 교수의 도전 정신은 어디에서 나오는 것일까? 그는 문형배 헌법재판관과 더불어 '어른 김장하 장학생'이다. 올바른 길을 두려움없이 걸어온 탁월한 과학자의 삶이 이 땅의 많은 젊은이들에게 귀감이 되리라 확신한다.

최재천 (이화여대 에코과학부 석좌교수/생명다양성재단 이사장)

『사람이 벌레라니』는 과학자의 자서전이자 유전학적 성찰의 보고서이며, 예쁜꼬마선충이라는 작은 생명체를 통해 생명의 경이로움을 발견한 학자의 유쾌하고도 진지한 관찰기다. 저자 이준호 교수는 30년에 걸친 연구자의 시간을 단단한 서사로 풀어내며, 독자에게 놀라운 과학적 사실들과 깊은 공감과 웃음의 이야기들을 절묘하게 선사한다. 닉테이션이라는 생소한 행동양식에서 암세포의 텔로미어 유지 기전까지, 그리고 주당(jud) 유전자에 이어 소주(soj) 유전자를 찾는 실험실의 해학적 순간까지, 모든 에피소드에는 과학을 향한 끈기, 실패를 견디는 품격, 그리고 생명에 대한 시적인 경외가 깃들어 있다. 유전자의 언어를 빌려 세상을 읽어 내는 한 과학자가 기초과학과 민주주의가 어떤 뿌리에서 만나는지를 대담하게 증명해 보이는 이 책에서 '작은 것들에게서 비롯된 위대함'을 만끽해 보시길 바란다.

정재승 (카이스트 뇌인지과학과 교수)

목차

용어 정리	7
들어가며	11

노벨상이 인정한 예쁜꼬마선충   15

태초에 선충이 있었으니	16
사람이 곧 벌레다:	
인간 유전체 프로젝트도 선충으로부터	19
예쁜꼬마선충의 특별한 생활사	23
시드니 브레너가 예쁜꼬마선충을 통해 꾸었던 원대한 꿈	29
세포는 그냥 죽는 것이 아니라 프로그램에 따라 죽고 산다	35
두 가닥 RNA가 유전자 발현 조절을 해낸다	40
초록 형광으로 빛나는 예쁜꼬마선충이라니	43
2024년에 만난 예쁜꼬마선충의 네 번째 노벨상	48

예쁜꼬마선충, 어디에 쓸모가 있을까   57

예쁜꼬마선충의 유전학, 이것만 알면 된다	58
예쁜꼬마선충, 노화 연구의 선봉에 서다	65
수명 연장에 기여하는 새로운 물질 찾기	71
꼬마선충, 단 302개의 뉴런으로	
신경 써서 할 일을 많이도 해낸다	74
예쁜꼬마선충의 생식기 발생과	
인간의 암은 같은 유전자를 쓴다	78
예쁜꼬마선충, 생각보다 사람과 비슷하다	85
새로운 기술, 새로운 발견, 그리고 새로운 아이디어	88

우리나라에도 예쁜꼬마선충 연구 꽃이 피었습니다   93

  우리나라 선충 연구의 시작을 알리다   94
  알코올 작용 기전 연구실의 흥망성쇠   97
  히치하이킹의 생물학: 닉테이션 연구를 시작하다   101
  닉테이션, 종의 확산 기전, 세계적 학술지에 게재하다   110
  이보-디보: 하와이 선충이 춤추지 않는 이유   114
  하와이 선충만 춤추지 않는 것일까?   119
  닉테이션을 가능하게 하는 뉴런은 어떻게 만들어졌을까?   120
  비교 커넥톰 연구를 시작하다   125
  텔로머레이즈 없이 텔로미어를 유지하는 기전을 발견하다   131
  예쁜꼬마선충의 ALT는 선충에만 있는 것이 아니다   137

예쁜꼬마선충과 함께 미래로: 선충으로 하는 무모한 도전은 끝이 없다   141

  위약(플라시보) 효과, 선충으로 풀 수 있을까   142
  실패한 유전학 실험에서 얻는 교훈   144
  꼬마선충도 다른 선충을 가르칠 수 있을까?   150
  형형색색의 꼬마선충에 대한 꿈   154
  녹농균은 꼬마선충도 춤추게 한다   158
  예쁜꼬마선충 세포주를 만들자!   160
  선충 텔로머레이즈 효소의 RNA 성분은
  도대체 어디에 있는 것일까   165
  한국 선충 프로젝트   170
  연평도는 세계 속의 섬이다   174
  예쁜꼬마선충, 과학 대중화의 선봉에 서다   176
  과거가 현재를 도우고 미래를 구할 것이다   179

나가며: 민주주의, 그리고 기초과학   185
참고 문헌   189

용어 정리

DNA
디옥시리보
핵산(DeoxyriboNucleic Acid).
RNA와 비슷한 화학 조성을
가지나, 산소 원자 하나가 떨어진
(그래서 디옥시) 모양의 핵산. 네
가지 염기인 G, A, T, C의 순열로
정보를 간직한다.

유전자
Gene. 특정 형질을 나타나게
하는 DNA 서열을 일컫는 용어.
예를 들어 예쁜꼬마선충에서
알코올 내성을 나타내는
형질 유전자를 주당(judang)
유전자라고 부른다.

유전체
Genome. 유전자들의 모든 총합.
한 세포에 들어 있는 모든 DNA의
서열을 의미한다.

염색체
Chromosome. DNA와 결합
단백질들이 만들고 있는 구조.
사람의 경우 22개의 상염색체와
X, Y 성염색체가 있다.

RNA
리보 핵산(RiboNucleic Acid).
이중 나선으로 되어 있는
DNA와는 달리 단일 가닥으로
존재하는 경우가 많다. mRNA,
tRNA, rRNA, 마이크로RNA
등 모양과 기능이 다른 다양한
RNA가 생명 현상에 관여한다. 네
가지 염기인 G, A, U, C의 순열로
정보를 간직한다.

RNAi
RNA 간섭 현상(RNA
interference).
예쁜꼬마선충에서 발견된
현상으로, 두 가닥 RNA가 그
RNA 서열에 상보적인 RNA를
표적으로 하여 발현을 저해하는
현상을 일컫는다. 대부분의
생명체에서 작동한다.

dsRNA
두 가닥 RNA. 일반적으로
RNA는 단일 가닥으로 되어
있는데, 종종 상보적인 서열의
RNA가 수소 결합을 통해
두 가닥으로 안정적 구조를
형성하기도 한다. 이런 분자를
dsRNA라고 부른다.

mRNA
전령RNA. DNA의 정보가 전사되어 만들어지는 산물인 RNA에는 다양한 종류가 있는데, 그중 하나가 mRNA다. mRNA는 단백질의 아미노산 서열 정보를 담고 있다.

전사
단백질을 구성하는 아미노산 서열의 정보를 담고 있는 DNA에서 실제로 그 정보를 풀어 가는 첫 단계로서, DNA를 베껴 쓰기(전사) 한다는 의미다. 전사의 결과물은 DNA 두 가닥 중 한 가닥과 같은 서열을 가지는 RNA다. 단, DNA를 구성하는 염기는 G, A, T, C인 반면 RNA를 구성하는 염기는 G, A, U, C다.

번역
mRNA에 리보좀이 결합하여 단백질을 만들어 가는 과정.

동정
identification. 새로운 돌연변이나 물질을 찾아내는 것을 말한다.

DDS
diaminodiphenyl sulfone. 댑손이라 부르기도 한다. 한센병 원인균을 죽일 수 있는 항생제다.

TCA 회로
tricarboxylic acid cycle. 반응의 첫 산물의 이름을 따서 시트르산 회로 또는 발견한 학자 이름을 따서 크렙스 회로라고도 부른다. 산소 호흡을 하는 생물에서 탄수화물, 지방, 단백질 같은 호흡 기질을 분해해서 얻은 아세틸-CoA를 CO_2로 산화시키는 과정에서 방출되는 에너지를 ATP에 일부 저장하고, 나머지 에너지를 $NADH+H^+$, $FADH_2$에 저장하는 일련의 화학 반응이다. 진핵 세포는 미토콘드리아에서 일어난다.

발생
정자와 난자가 만나 만들어지는 하나의 세포인 수정란이 분열과 분화를 거쳐 하나의 개체가 되어 가는 과정.

리간드
세포와 세포 사이의 소통을 위해서는 신호가 만들어져 전달되는 과정인 신호 전달 과정이 중요한데, 이때 쓰이는 신호에 해당하는 분자를 리간드라고 부른다. 수용체에 결합하여 정보 전달 임무를 완성한다.

클로닝
이 책에서는 특정 형질을 지정해 주는 유전자의 DNA 서열을 정확히 밝혀내는 일이라는 의미로 썼다.

동형 재조합
homologous recombination. 두 개의 상동 염색체 사이에서 일어나는 유전자 부위의 상호 교환 현상. 손상된 DNA를 복구하거나 유전적 다양성을 증가시키는 역할을 한다.

배지
media. 이 책에서는 예쁜꼬마선충을 배양하기 위한 영양분을 포함한 액체나 젤 상태의 물질이라는 의미로 썼다. 보통 플라스틱 플레이트에는 젤 상태로 만들어 사용하고 플라스크에는 액체 상태로 사용한다.

골지체
Golgi body. 세포 소기관 중 하나로, 소포체에서 출발해서 세포막으로 이동할 단백질들이 중간에 거쳐 가는 경유지.

제한 효소
restriction enzyme. 특정한 DNA 서열을 인식하여 자르는 효소. 예를 들어 EcoRI 제한 효소는 GAATTC라는 서열을 인식하여 절단한다.

닉테이션
선충이 꼬리를 바닥에 붙이고 머리를 들어 흔들거나 서 있는 행동. 히치하이킹을 하기 위한 행동으로 해석된다.

인터 뉴런
다양한 종류의 뉴런 중에서
뉴런과 뉴런 사이를 연결하거나
정보를 모아서 의사 결정을 하는
데 관여하는 뉴런.

커넥톰
유전자의 총합을 유전체라고
하듯이 연결의 총합을
커넥톰이라고 부른다. 뉴런
사이의 모든 시냅스의 총합을
의미한다.

레트로트랜스포존
역전사 트랜스포존이라고도
부르며, RNA를 중간 매개로 하여
이동하는 전위 인자.

코돈
codon. DNA 서열에서 하나의
아미노산 정보를 가지는 세 개의
염기 서열. 예를 들면 ATG는
메치오닌의 코돈이다.

SNP
단일 염기 다형성(single
nucleotide polymorphism).
DNA 서열을 비교했을 때 염기
하나의 수준에서 서로 다른
경우를 말한다.

들어가며

1995년 내가 우리나라에서 예쁜꼬마선충 연구실을 연 지 벌써 30년이 지났다. 앞으로 2년 후에 현직에서 은퇴할 나이가 되고 보니 지난 시간들이 소중하게 느껴졌고, 혹시나 후학들이 예쁜꼬마선충이라는 작은 동물에 관심을 가지고 연구를 이어 나갈 이가 한 사람이라도 나올 수 있다면 얼마나 좋을까 하는 바람을 가지고 이 책을 쓰기로 마음을 먹었다. 내 연구 내용도 많이 포함되어 있지만 노벨상 연구를 포함한 예쁜꼬마선충의 대표적인 연구 내용도 적절하게 설명하여 예쁜꼬마선충 전공자가 아니라 하더라도 그 내용을 흥미롭게 읽을 수 있도록 하고 싶었다. 생물학은 외우는 과목이 아니라 논리적으로 호기심을 추적해 가는 과정이라는 것을 꼭 보여 주고 싶었다. 과학을 통해 자연에 대한 이해와 경외심을 높여 주고 싶었다. 부디 독자들께서 예쁜꼬마선충의 하찮은 이야기이지만 예쁜꼬마선충에 대한 입문서로서 재미있게 읽어 주시길 바란다. 그리고 이 책을 덮을 때는 예쁜꼬마선충이 정말 예쁘구나라고 느끼시길 기대해 본다.

이 책을 쓰겠다고 마음을 먹고는 연구실의 박사과정생이었던 임현수 박사에게 삽화를 그리는 것으로 참여해 달라 제안했고 흔쾌히 응해 주었다. 삽화 수십 장이 어려울 수 있는 내용을 쉽게 이해하는 데 큰 도움을 줄 것이라 믿는다. 그리고 내 연구실을 지난 30년 동안 거쳐 간 모든 학생들의 노고에 진심으로 감사하다는 인사를 남긴다. 학자로서, 교육자로서 이런 보람을 느끼며 살게 해 준 당사자들일 뿐 아니라 이 책 내용의 모든 부분을 담당한 현장 책임자들이기도 했다. 일일이 호명하지는 못하지만 모두를 행복한 마음으로 기억하고 있음을 밝혀 둔다. 이 책은 서울대학교 연구처의 연구비 지원으로 가능했으며, 마지막 안식년을 삼성종합기술연구원에서 보내며 짬을 내 시작할 수 있었으니 서울대학교와 삼성종합기술연구원에도 감사의 인사를 드린다. '연구자는 은퇴하기 전까지는 몸은 퇴근하여도 머리의 많은 부분은 퇴근하지 않는다'라는 것이 생활화되어 살아오면서 가족의 따뜻한 지지가 없었다면 이 정도로 할 수 없었을 것이라 생각하기에, 나의 가족들에게 감사의 인사를 처음으로 전하고자 한다. 그리고 이렇게 부족한 내용의 글에 단행본 출판을 제안해 주신 이음의 주일우 대표와 책을 만들기 위해 고생해 주신 편집진께도 진심으로 감사하다는 인사를 전한다. 봄이 옴을 알리기 위해 눈 속에서도 피어나는 매화와 같이, 자연과학은 그 결과물이 인간에게 이롭다는 것을 증명하기 전에 호기심과 끈기로 만들어 가는 작품임을 함께 느낄 수 있기를 바라며 이 책을 독자 여러분께 내놓고자 한다.

관악산에서 2025년 8월 이준호 씀

노벨상이 인정한 예쁜꼬마선충

태초에 선충이 있었으니

선충은 지구상에서 개체 수로 가장 흔한 동물이다. 2019년 『네이처』 학술지에 보고된 연구에 의하면 4.4×10^{20}마리가 지구상에서 살고 있을 것이라는 과학적인 예상치를 볼 수 있다. 이 숫자는 관측 가능한 우주의 모든 별의 수와 비슷할 정도이다. 이들이 내뿜는 탄소 배출량은 인간이 만들어 내는 화석 연료 탄소 배출량의 15퍼센트에 달할 정도이니 대단한 놈들이다. 크기는 밀리미터 단위이지만 그 수가 어마어마한 것이다.

이렇게 작고 약해 보이는 선충이 언제 지구상에 나타났을까? 짐작해 볼 수 있듯이 선충의 구조는 화석으로 남기에는 너무 약한 구조여서 명확한 화석 증거를 찾는 것은 불가능에 가깝다. 그럼에도 식물 화석 속에서 함께 화석화된 선충이 발견되었으니 지성이면 감천이라고 하겠다. 그 화석의 연대 측정에 의하면 선충은 최소한 데본기에는 지구상에 나와 있었다. 약 4억 년 전이라고 본다. 선캄브리아기 생물 다양성의 대폭발기에 나왔을 수도 있겠지만 현재 증거로 말할 수 있는 것은 4억 년 전쯤이라고 하는 것이 적절하다. 인간이라는 종은 겨우 수십만 년 전에 지구에 나타났으니 선충은 태초는 아니지만 사람과 비교할 수 없을 정도로 깊은 역사를 가진 동물이다.

어느 시인은 꽃조차도 이름을 불러 주었을 때 비로소 진짜 꽃이 된다고 했던가. 하물며 선충같이 하찮은 동물이

태초에 선충이 있었으니. 시드니 브레너와 예쁜꼬마선충 연구의 시작

야. 이름을 지어 불러 주어도 그리 반가운 존재가 되지 않는 것이 예쁜꼬마선충이다. 이름만 참으로 예쁘다. 생김새와는 달리.

1995년 내가 한국에 왔을 때는 아직 본격적인 *C. elegans* 선충 연구가 시작되지 않았다. 연세대학교 생화학과 구현숙 교수 연구실이 이 선충에서 효소 유전자를 분리하여 연구를 한 것이 한국에서 최초의 꼬마선충 연구 업적이다. '정통파'로서의 선충 연구자는 1995년 광주과학기술원에 연구실을 연 안주홍 교수와 연세대학교 생물학과에 연구실을 연 내가 최초라고 할 수 있겠다. 그 이후 많은 연구실들이 생겼고 지금은 매년 선충 모임에 100명 이상의 연구자들이 모여 건설적인 학술 교류를 한다.

1996년경 *C. elegans*라는 선충의 연구가 세계적으로 중요해지고 있었고 따라서 우리말 이름이 필요하다는 의견들이 여기저기서 제시된 것으로 안다. 그러다 한국기생충학회에서 정식 명칭을 정하기로 하고 한림대학교 허선 교수가 예쁜꼬마선충이라는 이름을 제안하자 *C. elegans* 연구자들도 좋아하면서 동의했던 기억이 난다. 1밀리미터의 작은 크기이니 이를 이름에 반영하는 것이 필요했는데, 참고할 만한 모델인 식물 *Arabidopsis*는 이미 우리말 이름을 가지고 있었다. 애기장대. 그러니 *C. elegans*를 애기선충이라고 부르기에는 자존심이 허락지 않았던 것으로 기억한다. 그리고 '*elegans*'를 어떻게 번역할 것인가가 난제였고 우아한꼬마선충이라고 하자니 너무 길다고 느낀 것 같다. 그래서 예쁜꼬마선충이 된 것이다. 나의 기억과 기록이 가장 정확한 예쁜꼬마선충 명명의 역사임을 개인적으로 믿는다. 예쁜꼬마선충은 그렇게 이름을 가지고 우리나라 연구계에 꽃이 되었다.

    그런데 문제는 예쁜꼬마선충만 명명하고 다른 꼬마선충들은 하지 않았다는 것이다. 비교유전체학의 대상이 되는 예쁜꼬마선충의 먼 친척뻘인 *C. briggsae*는 뭐라고 명명하나? 아직 그 답이 없으니 독자들께 명명에 도전해 보시라 권해 드린다. 다른 꼬마선충으로는 우리 연구실에서 한국 전역에 걸쳐 동정한 새로운 종이 있으니 이 종의 경우는 영어로도 아직 이름이 없다. 속은 *Caenorhabditis*가 맞는데 새로운 종이어서 아직 이름을 붙이지 못했다. 지역 이름을 붙일지, 나라 이름을 붙일지, 채집자 이름을 붙일지. 설문 조사라도 한번 해 볼까.

사람이 곧 벌레다: 인간 유전체 프로젝트도 선충으로부터

찰스 다윈이 1882년 4월 19일 세상을 떠나기 전 마지막으로 낸 저술은 의외로 지렁이에 관한 단행본이었다. 당시 세상에서 가장 진지한 연구자로서 『종의 기원』의 저자이자 신의 섭리를 거스르는 진화론을 주창한 세기의 학자가 진행한 마지막 연구 주제가 지렁이였다니 사람들이 웃음거리로 삼았던 것 같다. 1882년 『펀치(Punch)』라는 만화 잡지에 실린 카툰을 보면 찰스 다윈이 근엄한 표정으로 가운데 자리하고 있고, 진화의 시계를 거슬러 되돌려 가다 보면 마지막에는 벌레가 나오게 구성되어 있다. 그리고 제목은 "Man is but a worm"이라고 쓰여 있다. 사람이 곧 벌레다.

예쁜꼬마선충 연구자들은 종종 왜 하필이면 선충연구를 하냐는 당혹스런 질문을 받는다. 그럴 때 우리가 인용하는 대답이 바로 이것이다. 찰스 다윈도 그랬듯이 사람이 곧 벌레이기 때문이다! 니체의 『차라투스트라는 이렇게 말했다』라는 역작에서 나오는 문구가 두 번째 답으로 쓰인다. "그대들은 벌레에서 인간으로 도달하는 길을 걸어왔으면서도, 아직 당신의 내면에는 많은 것들이 여전히 벌레인 채로 남아 있다."

Man is but a worm.
찰스 다윈의 모습은 선충학자 시드니 브레너로,
지렁이는 예쁜꼬마선충으로 대치되었다

사람이 벌레라니 기분 나쁠 만하다. 하지만 실제로 그렇다고 하면 위안이 될까. 20세기 말에 세계적으로 엄청난 프로젝트가 진행되었다. 1960년대 미국에서 진행한 달 착륙 프로젝트에 비견할 만한 수준이었다. 바로 인간 유전체 프로젝트이다. 인간의 유전 정보를 모조리 읽어 내겠다는 원대한 계획이다. 당시에는 반대도 만만치 않았다. 이 프로젝트의 주창자인 제임스 왓슨(맞다 바로 DNA 이중 나선 구조를 밝힌 바로 그 제임스 왓슨이다) 박사는 과학자는 인간 유전체 프로젝트를 찬성하는 좋은 과학자와 반대하는 나쁜 과학자 두 부류로 나뉜다고 공공연히 주장했다. 수많은 나쁜 과학자들의 반대를 뚫고 이 프로젝트가 진행될 수 있었던 데에는 예쁜꼬마선충의 기여도 무시할 수 없었다.

사람의 유전 정보 전체를 밝히겠다는 원대한 포부를 왜 반대하였을까. 당시에는 훨씬 일리 있는 이유가 있었다. 사람의 유전 정보는 염색체상의 DNA 염기 서열에 담겨 있는데 그동안의 연구 결과에 의하면 90퍼센트 이상의 DNA 서열은 아무런 정보를 가지고 있지 않은 '쓰레기' 서열이었다. 그러니 전체 유전 정보를 분석한다는 것은 쓰레기의 서열을 규명하는 데 천문학적인 비용을 들이는 것이고, 그로 인해 다른 중요한 연구에 쓰일 비용이 고갈되고 말 것이라는 우려가 팽배하였던 것이다. 그래서 대안으로 유전자 서열 중에서 RNA로 전사되고 결과적으로 단백질로 번역되는 정보를 가진 부분만 모두 분석하자고 했다. 이를 위해서는 DNA가 아니라 RNA 서열을 분석하면 되는 것이었다. 지금도 RNA 분석은 아주 중요한 연구 내용이지만 결과적으로 DNA가 담고 있는 모든 정보를 가지고 있지는 않아서 DNA 염기 서열 분석이 결과적으로는 아주 중요했다고 증명되었다.

    반대론자들을 누르고 인간 유전체 프로젝트를 진행하기 위해서는 이런 식으로 하면 멋진 정보가 나올 수 있다는 맛보기 프로젝트로 가능성을 보여 주면서 설득하는 것이 좋았다. 이를 위해 채택된 생물이 예쁜꼬마선충이다. 예쁜꼬마선충은 약 1억 개 염기의 서열로 모든 유전 정보를 담고 있는 반면 사람은 그것의 약 20배 정도 많은 염기 서열을 가진다. 예쁜꼬마선충의 유전 정보 분석을 할 수 있다면 한 동물을 이루는 모든 유전 정보를 아는 것이 될 것이고, 이를 확장하면 사람에게도 적용할 수 있을지를 판단할 수 있을 것이라는 점 때문에 본격적인 유전체 프로젝트가 선충을 대상으로 진행된 것이다. 그 결과 예쁜꼬마선충은 유전체 전체 정보가 알려진 최초의 동물이라는 타이틀을 갖게 되었다. 성공적인 유전체 프로젝트 이후 선충 프로젝트 팀이 그대로 인간 유전체 프로젝트 팀으로 옮겨 가서 인간 유전체를 풀어냈다. 이 정도면 사람이 곧 벌레라고 해도 되지 않을까. 그에 더하여, 유전체 분석의 결과는 더욱 놀랍다. 유전자의 수는 인간이나 선충이나 거의 2만 개 정도 되는데, 그중 절반 정도는 사람에게도 있고 선충에게도 있다. 선충은 절반은 사람인 셈이다. 이제 정말로 사람이 곧 벌레라고 해도 되겠다.

예쁜꼬마선충의 특별한 생활사

예쁜꼬마선충은 수도 없이 많은 꼬마선충종 중의 하나다. 그런데, 아직 우리나라나 동아시아에서 발견된 적이 없는 꼬마선충종이기도 하다. 일본에서 단 한 번 예쁜꼬마선충이 동정된 것으로 보고되었지만 사람에 의해 옮겨진 것이 아닌가 의심이 될 정도로 동아시아에서는 그 분포를 확인하지 못하고 있다. 예쁜꼬마선충의 계절에 대한 적응의 실패가 그 원인일 수 있으니 기후 위기의 시대에 예쁜꼬마선충이 좋은 연구 소재가 될 수도 있겠다.

그럼 전세계의 수많은 연구실에서 배양하고 연구하고 있는 예쁜꼬마선충은 자연 어디에 있는 것일까? 사실은 아시아 지역만 빼고는 대부분의 대륙에서 발견되었다. 일년 내내 여름인 하와이에서 가장 다양한 품종들이 동정되었다.

가장 인기가 있는(?) 예쁜꼬마선충 품종은 N2라고 불리는 것인데 영국의 브리스틀 지역에서 채집되어 연구실에서 주로 쓰이게 된 품종이다. 아래에 자세히 쓰겠지만 시드니 브레너 경이 연구의 소재로 삼으면서 대세가 된 품종이다. 그런데 이후의 연구에 의하면 예쁜꼬마선충의 원산지는 아마도 하와이인 것 같다. 실제로 하와이에서 수많은 품종들이 채집되었고 그 다양성도 압도적으로 커서 비교유전체학에 아주 좋은 소재가 된다. 그중 가장 유명한 것은 CB4856라고 불리는 품종인데 일반적으로 하와이 품종이라고 일컫는다.

여기서 궁금한 것 하나. 그 유명한 예쁜꼬마선충 품종이 N2라고 불리는데, 그럼 애초에 N1도 있었던 게 아닐까? 갑자기 N2가 나오는 건 이상하지 않냐는 합리적 의심이 든다. 현재까지 찾아본 문헌들에 의하면 N1의 존재가 아직은 드러나지 않고 있다. 한 문헌에 의하면 시드니 브레너 경이 예쁜꼬마선충으로 연구를 하겠다고 마음을 먹고 미국의 도허티 교수에게 편지를 보내서 품종을 받게 되는데, 그사이 브레너 경은 자신의 집 마당에서 선충을 채집하였고, 그렇게 찾은 선충을 N1이라고 이름 붙였던 것으로 보인다. 그러고는 미국에서 돌아온(원래 영국 브리스틀에서 채집되었던 것인데 미국으로 건너가 있었던 것이라 돌아왔다고 표현하는 것이 적절하겠다) 품종을 자신이 가진 두 번째라는 의미로 N2라고 부르게 되었다는 것이 정설이다. N1이 이제는 남아 있지 않아 실제로 예쁜꼬마선충인지 아니면 인접한 다른 종의 선충인지는 알 수 없다.

예쁜꼬마선충은 다른 모든 동물과 마찬가지로 단 하나의 세포인 수정란에서 출발하여 하나의 개체를 이루게 된다. 그런데 많은 동물들과는 달리 하나의 개체가 정자와 난자를 만드는 자웅 동체로 자손을 생산한다. 그런데 수컷도 따로 있다. 자웅동체와 수컷이라는 독특한 성별을 가지고 있는 것이다. 이런 특이한 현상의 비밀의 근원은 성염색체에 있다. X 염색체가 하나이면 수컷이 되고 두 개이면 자웅 동체가 된다. 자웅 동체의 생식 과정을 떠올려 보자. 한 몸에서 정자와 난자가 만들어지는데 이들 생식 세포는 감수 분열(수가 줄어든다는 의미로 지어진 세포 분열의 이름이라 직관적이다)의 결과 체세포 절반의 염색체를 가지게 된다. 정자든 난자든 X 염색체를 하나 가지고 있을 것이고 수정으로 다시 염색체가 원상 복구 되는 상황에서 X는 두 개로 합쳐지게 된다. 그러니 아주 정교한 세포 분열만 일어난다면 자웅 동체는 자웅 동체만 낳게 된다.

그러면 어떻게 수컷이 만들어질 수 있을까? 그 비밀은 실수에 있다. 성염색체 분리 현상의 실수. 정자나 난자가 만들어지는 과정에서 감수 분열이 진행되어 염색체들의 분체가 반반씩 골고루 나누어져 들어가게 되는데 실수로 X 염색체가 분리되지 않고 한 쪽의 딸 생식 세포로 몰려 들어가게 되면 그 결과 X를 두 개 또는 0개 가지는 생식 세포가 만들어진다. 여기서 X를 가지지 않은 생식 세포(정자 또는 난자)가 정상적인 생식 세포를 만나서 개체를 만들게 되면 이 개체는 X 염색체를 하나만 가지게 되고 수컷으로 발생하게 되는 것이다. 그러면 예쁜꼬마선충은 X 염색체가 하나인지 두 개인지를 헤아릴 수 있어야 하겠다. 실제로 그렇다. 예쁜꼬마선충의 다양한 돌연변이 연구에 의해 성염색체의 개수를 헤아리는 기전을 대부분 밝힐 수 있었다.

그런데 성염색체가 하나일 때 수컷이 되는 것은 직관적으로 이해가 된다. 성염색체의 차이로 수컷에 해당하는 조직들이 발생하게 되는 것이리라. 그런데 X 염색체가 두 개일 때 그 개체가 암컷이 아니라 자웅 동체가 되는 것은 또 전혀 다른 문제이다. 실제로 수많은 꼬마선충들에서 자웅 동체로 번식하는 종류보다 암-수로 번식하는 경우가 더 많은 것으로 보인다. 그리고 더욱 흥미로운 것은 진화의 계통을 따라 구분을 해 보면 자웅 동체로 번식하게 되는 진화적 사건은 독립적으로 여러 번 일어났다는 것이 밝혀진 것이다. 아직 연구가 더 필요한 아주 흥미로운 분야다. 동물들의 유전체에는 암컷 또는 수컷을 만들 수 있는 모든 정보가 들어 있는데 그중 하나가 발현되는 것일 뿐이니 그 정보를 조금 흔들어 시간적으로 암-수가 다 발현하게 되면 자웅 동체를 만드는 것은 그리 어려운 진화적 사건이 아니다.

예쁜꼬마선충은 하나의 수정란에서 출발하여 모체의 생식선 안에서 수정이 이루어지고 배 발생을 시작하게 된다. 모체의 몸속에 있는 수정란을 잘 보고 있으면 세포 분열을 해서 두 개, 네 개 등으로 세포의 수가 늘어나는 아름다운 현장도 볼 수 있다. 수정란이 알 껍질을 획득하게 되고 모체의 몸 밖으로 나가게 되는 것을 산란(egg laying)이라고 한다. 이 무렵 선충의 배아는 100개 이하의 세포로 구성되어 있다. 시간을 들여서 점점 세포의 수가 늘어 가고 분화도 진행이 되어 세포 수가 550개 정도 되면 알 껍질 속에서 이미 선충의 모양을 확실히 갖추고 움직임도 시작하고 알 껍질을 녹이는 효소를 만들어 껍질을 깨고 비로소 독

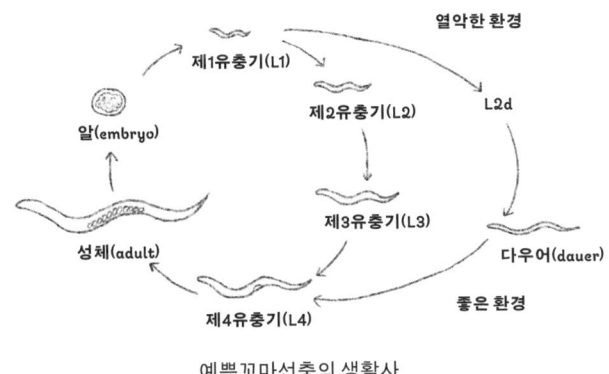

예쁜꼬마선충의 생활사

립적인 개체로 태어나게 된다. 이 상태를 제1유충기라고 부른다. 점점 세포의 수도 늘고 덩치도 커져서 더는 커지지 못하게 되면 오래된 허물을 벗는데 이를 탈피라고 부른다. 이런 과정을 네 번 겪고 나면 비로소 어른이 된다. 선충의 경우 성장을 계속하려면 오래된 껍질을 벗어야만 한다. 외골격이라 그렇다.

 예쁜꼬마선충뿐 아니라 (현재까지 보고된 바에 따르면) 모든 선충들이 겪는 자연생활사에는 다우어라는 특별한 발생 단계가 있다. 다우어는 세 번째 유충 단계의 대안적 단계이다. 선충이 알을 깨고 독립 선언을 할 때 꼭 해야 하는 일 하나는 환경을 판단하는 것이다. 온도, 먹이의 양, 나와 비슷한 개체의 숫자 등 내가 어른이 되어 자손을 낳았을 때 그 자손들이 잘 살 수 있는 환경인지를 평가하는 것이다. 그 결과 하나라도 조건이 만족되지 않으면 그 개체는 어른이 되어도 자손들이 살아남기 힘들 것이다. 그런 판단을 하면 극적인 변화를 진행하게 된다. 즉, 발생의 끝에 어른이 되는 것이 아니라 몸을 변화시켜 다우어라고 하는 3기 유충으로 들어가는 것이다. 영양이 좋아 어른이 되면 자손(평균적으로 300마리 정도)을 낳고 2주 정도 살다가 죽는 것이 운명인데, 다우어라는 단계로 들어가면 더 이상 발생을 진행하지 않고 입도 닫고 최대한 에너지를 절약하는 모드로 들어간다. 그렇게 6개월까지 견딘다는 보고가 있다. 먹이가 많아지고 다른 경쟁자들이 줄어들고 온도도 적당해지면 다시 다우어에서 깨어나서 어른이 되고 자손을 낳고 그때부터 2주 정도 살다가 죽는다. 발생의 시간을 일시적으로 정지시킨다고 해야 할까. 환경에 대응하는 극단적인 방법이 아닐까 싶다. 기생선충의 경우는 이 발생 단계를 지나지 않으면 몇 세대 지나지 않아서 더 이상 자손을 낳을 수 없게 되는 것으로 보이니 이 발생 단계가 대안적 단계가 아니라 꼭 필요한 단계라 하겠다. 반면에 자유로운 서식을 하는 선충, 예를 들어 예쁜꼬마선충의 경우는 다우어에 들어가지 않아도 아무런 문제가 없다. 즉, 다우어 단계가 꼭 필수적인 단계가 아니라는 이야기다. 그럼에도 진화적으로 아직도 모든 선충에 보전되어 있으니 실험실 조건에서의 예쁜꼬마선충과는 다른 자연 환경이 있음을 인정할 수밖에 없다. 학계에서 받아들이는 이론은 예쁜꼬마선충을 포함한 자유 서식 선충들이 자연상에는 아마도 다우어 상태로 주로 존재하리라는 것이다. 그러다 먹이가 충분한 아주 드문 경우에 빠르게 성장하고 자손을 만들고 다시 다우어로 들어가서 그다음 먹이 시즌을 기다리는 식으로 생활사가 구성되어 있을 것이라는 것이다. 이런 경우라면 다우어가 대안적 발생 단계일 수도 있고, 뒤집으면 실제로는 '대세적' 발생 단계이고 번식 경로가 대안적 경로일 수 있다는 생각을 해 볼 수 있다. 아마도 시간의 축으로 보면 더욱 그럴 것이다.

시드니 브레너가 예쁜꼬마선충을 통해 꾸었던 원대한 꿈

예쁜꼬마선충 연구를 이야기하면서 시드니 브레너 박사를 언급하지 않을 수 없다. 이분으로 말할 것 같으면, 20세기 최고의 통찰력을 가진 학자 중 한 사람이라는 데 아무도 이의를 제기하지 않을, 독보적인 인물이다. 남아프리카공화국의 가난한 가정에서 태어나 똑똑함을 유일한 무기로 장착하고 영국에서 엄청난 분자생물학 태동기를 이끈 천재 과학자 중 한 사람이다. DNA 이중 나선 구조를 발견한 프랜시스 크릭과 함께 DNA 염기 서열은 세 개의 염기가 하나의 아미노산 정보를 가진다는 가설(triplet code hypothesis)을 주창한 공로로 노벨상을 받아 마땅하다는 평가를 받는 학자이다. 그런데 브레너 박사는 분자생물학의 태동기에 당시에 보기에는 도전적일 뿐 아니라 무모해 보이는 새로운 시도를 하게 되는데, 1963년 본인이 속한 연구소의 소장에게 연구비를 지원해 달라는 요청을 한 편지에 그 내용이 고스란히 남아 있다. 브레너 박사는 편지에서 DNA의 복제, DNA의 전사 등 중요한 분자생물학적 문제는 미국 학자들이 조만간 다 풀어낼 것이고, 우리는 그보다 멀리 보는 연구를 해야 하는 시점이라고 주장하면서, 분자생물학의 미래는 발생과 신경계에 있기 때문에 아주 단순한 동물 모델을 가지고 연구를 해야 한다는 주장을 하였다. 그래서 예쁜꼬마선충이 생물학 연구의 무대에 데뷔를 하게 된다. 우리는 이런 이유로 브레너 박사님을 예쁜꼬마선충 연구의 원조라고 부른다.

그럼 왜 하필 예쁜꼬마선충이라는 동물을 선택했을까? 그것은 환원주의의 관점에서 이 단순한 동물이 발생과 신경계 연구를 하기 위한 모범 답안이기 때문이다. 예쁜꼬마선충은 1,000개가 안 되는 적은 수의 체세포들로 전체 몸을 구성할 뿐 아니라 몸 전체가 투명해서 살아 있는 개체 속을 다 들여다볼 수 있다는 큰 강점이 있다. 즉, 단 하나의 세포인 수정란부터 현미경으로 관찰을 하게 되면 세포 분열을 하는 과정을 낱낱이 볼 수 있고, 실제로 세포 분열을 거듭해서 정말 작은 공간인 알 속에서 계속 분열과 분화를 거듭하더라도 눈 부릅뜨고 관찰하면 세포 분열의 시작과 끝, 그리고 새로운 시작을 모조리 볼 수 있다. 결국에는 성체가 되어서 더 이상 세포 분열을 하지 않을 때까지 관찰하여 세포의 분열 족보를 그릴 수 있게 되는데 이를 세포 계보라고 부른다. 아직까지도 수정란에서 성체가 되는 과정 전체의 세포 분열과 그 세포들의 운명이 완벽하게 알려진 동물은 예쁜꼬마선충이 유일하다.

이런 정보가 왜 필요하고 중요한가? 우선 세포의 계보를 만드는 과정을 되새겨 보자. 한 마리의 선충을 잘 관찰한다고 해서 세포 분열의 모든 과정을 알 수는 없다. 즉, 많은 수의 개체들을 관찰해서 세포 분열의 지도를 그려야 하는데, 개체마다 제각각의 분열 양상을 보인다면 그 또한 공통된 세포 계보를 그릴 수 없게 만들 것이다. 다시 살펴보면, 세포 계보가 완성되었다는 것은 거꾸로 개체마다 똑같은 모양으로 세포들이 분열하고 또 분열함을 전제로 하는 것이고 실제로도 개체마다 동일한 모양으로 세포 분열이 일어남을 의미하는 것이다. 어느 세포가 언제 분열해서 나중에 무엇이 되는지가 다 정해져 있다는 말이다. 이러한 현상이 이미 고정된 운명을 내재적으로 타고난 세포들을 의미하는 것은 아니다. 왜냐하면 세포들의 운명이 이웃한 세포들의 영향에 의해 정해진다고 하더라도 각 개체는 알이라고 하는 제한된 공간 속에서 세포 분열을 진행해야 하므로 세포들 간의 상호 작용 자체도 개체마다 거의 동일하게 일어날 것이기 때문이다.

이제 세포 계보가 존재함을 이용하면 다양한 실험을 할 수 있게 된다. 특정 세포들의 상호 위치를 바꾼다든지 특정 세포를 없애서 세포 간의 상호 작용을 바꾼다든지 하는 조작에 의해 세포들의 운명이 어떻게 바뀌는지를 보면 세포 운명 결정 과정에 대한 새로운 것을 많이 찾을 수 있게 된다. 예를 들면 생식기 발생 과정에서 앵커 세포라는 단 하나의 세포를 생식기 발생 시점 이전에 레이저로 없애면 그 근처에 있는 생식기 전구 세포들이 생식기로 발생을 하지 못하게 된다. 이런 실험을 통해 앵커 세포의 존재가 생식기 발생의 필요조건임을 알 수 있게 된다. 다른 방법으로는 돌연변이를 유도해서 특정 세포 계보가 잘못되는 변이를 동정하고 어느 유전자에 문제가 생겨서 그런 돌연변이 형질이 나오는가를 보면 특정 세포 계보에 중요하게 작용하는 유전자를 규명할 수 있게 된다.

예쁜꼬마선충 유전자들 중에는 lin-으로 시작하는 유전자들이 많은데, 이들은 대부분 특정 계보(lineage)에 이상이 생긴, 그래서 줄여서 lin-이라고 이름 붙은 유전자들이다. 예를 들어 lin-3라는 유전자에 돌연변이가 생겨서 유전자 기능이 거의 없어지게 되면 흥미로운 표현 형질이 나타나는데, 바로 생식기가 만들어지지 않는 것이다. 위에서 예를 든 앵커 세포 제거의 효과와 거의 흡사한 결과를 보이는 것이다. 실제로 후속 연구를 통해 lin-3 유전자의 실체를 밝혀 보니 이 유전자는 EGF(Epidermal Growth Factor)와 유사한 신호 단백질을 만드는 유전자이고 앵커 세포에서 만들어지는 것이었다!

이제 시드니 브레너 박사의 예쁜꼬마선충에 대한 원대한 계획을 다시 살펴보자. 위에서 쓴 바와 같이 발생의 면에서는 세포 계보를 모조리 세포 단위에서 다 밝히는 것이 큰 계획 중 하나였고, 또 다른 목표는 유전자 진제에 대한 유전자 지도를 만드는 것이었다. 그의 1974년 미국유전학회지 논문은 제목 자체가 「예쁜꼬마선충의 유전학」이었다. 한 편의 논문 안에 그렇게 많은 돌연변이를 기술한 적은 이전에도 이후에도 없다. 당시에 볼 수 있었던 수많은 돌연변이 형질을 가진 변이체를 동정해서 일일이 분석해 염색체 지도도 그렸다. 브레너 박사는 이 논문으로 기관의 발생에 대한 유전학 연구라는 공로를 인정받아 노벨생리의학상을 받았다.

그는 연구의 또 다른 축인 신경계에 대해서는 더 원대한 목표를 가지고 있었다. 신경망 전체의 연결 지도를 그리는 것이었다. 어떻게? 방법은 어찌 보면 단순 무식하다. 선충 한 마리를 잡아서 고정한 후 50나노미터 두께로 썰어서 전자 현미경으로 연달아 찍는다. 그러면 김밥을 썰어서 단면을 보는 것과 같은 선충 몸의 단면이 다 드러나 보인다. 전자 현미경은 그 배율이 워낙 좋아서 세포막과 세포 소기관 등 모든 세포 모양이 다 보인다. 수천 장의 전자 현미경 사진을 잘 보고 그 이미지를 이어 붙인다. 그러면 결과적으로 모든 뉴런과 뉴런의 연결, 즉 시냅스를 도식화할 수 있고 이를 자료로 만들면 그것이 곧 예쁜꼬마선충 뇌 구조의

시드니 브레너 박사의 꿈.
세포 계보, 유전체, 커넥톰의 완성

가장 정교한 모양이 되는 것이다. 이런 과정을 할 수만 있다면 브레너 박사의 목표가 달성되는 것이다. 이 일을 계획하고 시작한 시기가 1970년대쯤이라고 생각하면 참 눈앞이 캄캄하다. 컴퓨터도 없고 인공 지능은 더더욱 상상도 못하던 때다. 다만 전자 현미경의 해상도만큼은 지금에 뒤떨어지지 않는 수준이었다. 10년 정도의 엄청난 노력의 결과 커넥톰이 완성되었고 신경망 연구의 새로운 장을 열었다. 실제로는 커넥톰이라는 이름이 지어지기 전에 예쁜꼬마선충의 커넥톰이 완성되었으니 브레너 박사는 현대생물학 전선의 선구자임에 틀림없다.

세포는 그냥 죽는 것이 아니라 프로그램에 따라 죽고 산다

노벨상은 모든 사람이 아는 바와 같이 세계 최고의 과학자에게 수여되는 영예로운 상이다. 한 나라의 과학 기술 수준을 이야기할 때 노벨상 개수가 빠지지 않는디. 우리나라는 아직 없지만. 노벨생리의학상은 생명과학(노벨 당시에는 생리학이라고 통칭되었다)과 의학 분야에서 가장 현저한 발견에 주어지는 상이다. 게다가 당장은 아니더라도 언젠가는 인류 복지에 기여할 만해야 한다는 전제도 깔려 있다. 최근에 mRNA 백신 관련 연구자들이 노벨생리의학상을 받았는데, 그 기초가 되는 연구 결과는 15년 전에 발표한 논문에 근거한 것이었지만, 아마도 코로나 팬데믹이 없었다면 수많은 수상 후보 중 하나에 머물러 있었을 것이다.

모델 생물들에 대한 평가 또는 가치를 이야기할 때에도 노벨상이 기준이 되기도 한다. 예를 들면 초파리는 오랜 기간 동안 생물학계의 총아였다. 토머스 헌트 모건이 20세기 초 흰 눈의 수컷 초파리를 발견하고서는 유전자가 염색체에 있는 물리적인 실체임을 주장하는 염색체 이론을 주장하면서 초파리가 유전학의 대표적 모델이 되었다. 모건의 멋진 연구 업적으로 당대의 뛰어난 인재들이 소위 파리방(fly room)이라고 불리운 모건 교수의 연구실에 합류하여 현대 유전학의 토대를 만들었다(요즘 우수한 인재들은 의대에 몰려가니 의학의 발전이 이렇게 대단하게 이루어져야만 할 텐데). 이처럼 훌륭한 모델 동물인 초파리는 무려 여섯 번의 노벨상 소재가 되었다. 그 선두는 당연히 토머스 헌트 모건이었다. 그 이후로는 X선에 의해 인위적 돌연변이가 만들어짐을 밝힌 멀러 박사, 초기 발생을 조절하는 유전자들을 발견한 뉘슬라인폴하르트 박사 등, 냄새 수용체 연구의 액셀 박사와 벅 박사, 면역 체계 연구의 호프만 박사와 스타인먼 박사, 그리고 생체 시계 발견 연구자인 홀 박사 등이 노벨생리의학상의 주인공이 되었다.

예쁜꼬마선충은 어떠한가. 내가 박사학위를 받고 1995년 귀국하여 막 독립적 연구실을 꾸리기 시작할 때 초파리 연구가 노벨상을 받았다는 소식에 예쁜꼬마선충 연구계는 약간의 슬럼프임을 알 수 있었다. 여기저기서 초파리 연구를 할걸 하는 후회도 들렸다. 7년 후 2002년 시드니 브레너 박사가 노벨상을 예쁜꼬마선충 연구로 수상하기 전까지는 약간 주눅 들어 있던 시기였다고 기억한다. 그만큼 2002년의 노벨생리의학상은 예쁜꼬마선충 연구 역사에서 중요한 순간이었다.

노벨상은 매년 수상자를 발표하면서 선정 이유를 한 문장으로 말하는 것이 관례인데, 2002년 노벨생리의학상은 그 이유가 조금 복잡했다. 기관의 발생과 프로그램된 세포 사멸에 대한 연구 업적을 인정하여 노벨상을 수여하기로 했다는 것이었다. 기관의 발생과 세포 사멸이 한 문장에 들어 있는 것이 이상했다. 이 둘은 별개의 연구 주제이기 때문이었다. 그런데 수상자 면면을 보면 노벨상 위원회의 고심을 충분히 이해할 수 있었다. 첫 번째 수상자인 시드니 브레너 박사는 예쁜꼬마선충 연구의 창시자이고, 두 번째와 세 번째는 각각 존 설스턴 경과 로버트 호비츠 박사였다. 이 두 학자는 브레너 박사 밑에서 박사후연구원으로 연구를 했다. 존 설스턴 경은 예쁜꼬마선충의 세포 계보를 수정란에서부터 성체에 이르기까지 꼼꼼히 관찰하고 기록하여 기념비적인 일을 이루어 낸 학자이다. 그 과정에서 세포 계보를 그리다 보니 세포 분열의 시간과 방향 등이 항상 일정함을 발견하였고, 그에 더하여 세포 분열 후 생기는 딸세포 중에는 항상 죽는 일 이외는 하지 않는 세포들이 있음을 발견하게 된다. 한두 개가 아니라 무려 131개의 세포가 그러했다. 개체마다 항상 같은 세포들이 죽어 나갔다. 따라서 기존의 세포 죽음에 대한 개념을 송두리째 바꾸어야 하는 상황이 되었다. 즉, 이제는 세포가 죽음에 이르도록 하는 어떤 프로그램이 있다는 것을 전제하지 않으면 설명이 되지 않는 현상이었다. 세포에 무리가 가거나 문제가 생기면 어쩔 수 없이 죽게 되는 것이 세포 사멸의 본질이라고 봤던 관점에서 유전자 속에 세포의 죽음이라는 프로그램이 존재한다는 인식의 혁명적 변화가 생긴 것이다.

로버트 호비츠 박사는 유전학적 방법으로 세포 사멸에 관여하는 중요한 유전자들을 발견하였고, 이 유전자들이 사람에도 있다는 것을 보였다. 세포 사멸에 관한 업적만 인정한다면 시드니 브레너라는 시대적 영웅을 배제하고

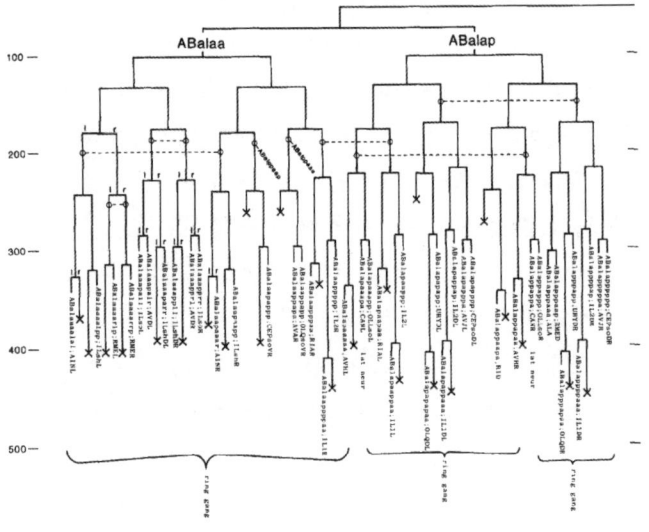

예쁜꼬마선충의 세포 계보 중 일부 모습(PMID: 6684600)

노벨상을 주어야 하는 상황이 될 것이었으므로, 수상 이유를 프로그램된 세포 사멸에 한정하지 않고 기관의 발생에 대한 연구 업적도 포함함으로써 시드니 브레너 박사에게 노벨상을 수여하고자 했다는 합리적 의심을 하게 된다. 브레너 박사는 이미 노벨상 수상의 자격이 차고도 넘치는 천재였다.

여기서 나의 개인적 에피소드 한 꼭지. 1994년 박사학위를 받을 무렵 연구든 교육이든 한국으로 돌아가서 하고 싶었다. 박사논문 심사를 마치고는 곧장 한국으로 갔고, 세미나도 했다. 그러면서 느낀 점이 박사후연구원 경험이 없이는 한국에서 교수 자리를 찾을 수 없겠다는 것이었다. 다시 미국으로 돌아와 캘리포니아공과대학교에서 잠시 머물면서 약 6개월을 지도교수 연구실에 얹혀 살았다. 그 기간 동안 박사과정에서 못 한 연구를 마무리 짓는 실험을 계속하면서 짬을 내 박사후연구원을 지원하였다. 네 개의 연구실에 지원했는데 그중 한 군데가 호비츠 교수 연구실이었다. 연구자 계보에 따르면 나의 지도교수는 호비츠 교수의 첫 제자였기에 특별히 의미가 있었다. 꼬마선충 계보에서는 브레너-호비츠-스턴버그-이준호로 이어지는 계보니 나름 로열 족보에 속한다. 그리고 세포 사멸이 정말 흥미로운 주제가 되어 있었다. 그런데 이틀에 걸친 인터뷰를 하고 나서 나중에 내 지도교수에게로 연락을 해 받을 수 없겠다고 통보했다. 나는 그 분에게 보기 좋게 거절당하였다.

지나고 생각을 해 보니 두 가지가 걸렸다. 하나는 얼마나 연구실에 머물거냐는 질문에 가능하면 2년 정도 이내에 한국을 가고 싶다고 답을 했었다. 두 번째는 어떤 연구를 하고 싶은가였는데 나는 당연히 세포 사멸 연구를 하고 싶다고 말했다. 그런데 지나고 보니 이 두 가지 답이 모두 오답이었다. 박사후연구원은 최소한 3년은 해야 좋은 결과를 얻을 수 있다는 것이 상식이었고, 호비츠 박사는 세포 사멸 관련 연구 프로젝트는 박사후연구원에게는 배정해 주지 않았다. 박사과정생은 박사학위를 하고 나면 모든 연

시드니 브레너와 그의 제자 계보.
왼쪽부터 시드니 브레너, 로버트 호비츠, 폴 스턴버그, 이준호

구 내용을 남겨 두고 새로운 박사후연구원 자리로 이동하지만 박사후연구원은 새로운 독립 연구자로 출발하게 되면서 박사후연구원 시절에 한 연구를 이어서 하는 것이 관례이기 때문이었다. 즉, 호비츠 교수는 세포 사멸 프로젝트는 본인의 연구실에서만 진행하고 싶었던 것이다. 이미 노벨상의 향기를 맡고 있었음을 뒤에야 알게 되었다. 아무튼 나는 캘리포니아주립대학교 버클리캠퍼스에 박사후연구원으로 가게 되었다. 거기서 1년 채우고 연세대학교 생물학과에 조교수로 부임했으니 나름 성공적이었다.

두 가닥 RNA가 유전자 발현 조절을 해낸다

예쁜꼬마선충이 초파리에 뒤지고 있을 수는 없었다. 새로운 노벨상이 예쁜꼬마선충 연구를 통해 두 개나 더 나온 것이다. 하나는 RNA 간섭 현상을 발견한 앤디 파이어 교수와 크레이그 멜로 교수가 수상하였고, 다른 하나는 녹색 형광 단백질(GFP)의 효용성을 증명한 마틴 찰피 교수 등이 수상하였다. 이 두 노벨상도 대단히 교훈적이다.

앤디 파이어 교수와 크레이그 멜로 교수는 노벨상을 받기 전에는 그렇고 그런 수준의 학자였다고 나는 기억한다. 나이도 나와 비슷하고 특별히 멋진 연구 결과를 발표한 기억이 없던 연구자들이었기에. 그런데 RNA 간섭 현상이라는 직관적으로는 상상할 수 없는 생명 현상이 실제로 존재함을 증명하였고 그 효용에 대해서도 설득력 있는 결과를 낸 것은 참으로 대단한 업적이 아닐 수 없다. 파이어 교수는 원래 근육의 분화 발생의 기전을 연구하던 발생유전학자이고 멜로 교수는 생식선에서의 유전자 발현이 다른 체세포와는 다른 이유에 대한 연구를 했다. 그런데 갑자기 RNA 간섭 현상을 두 연구실의 공동 연구로 밝혀냄으로써 노벨상의 주인공이 되었으니 그 과정이 궁금하지 않을 수 없다.

예쁜꼬마선충은 유전학의 소재로 아주 좋은 모델 동물이다. 그래서 브레너 경이 엄청나게 많은 돌연변이를 찾아내고 염색체 지도까지 만들 수 있었다. 그런데 예쁜꼬마선충도 약점이 있다. 무작위적으로 돌연변이를 만들 수는 있지만 원하는 유전자에 선택적으로 변이를 도입하는 방법은 없었다. 지금은 유전자 가위가 있어서 자유자재로 할 수 있지만 이전에는 그랬다. 심지어 생쥐에서도 특정 유전자에 돌연변이를 원하는 대로 도입할 수 있게 되어 유전학의 새로운 지평을 열 수 있었는데, 예쁜꼬마선충은 조금 무식한(?) 방법으로만 돌연변이를 무작위적으로 만들 수 있었던 것이다. 이가 없으면 잇몸으로라도 해야 하지 않겠나. 그래서 많은 연구자들이 특정 유전자에 돌연변이를 선택적으로 도입할 수 없다면 그 유전자가 발현되는 것을 막아서 돌연변이와 비슷한 효과를 내면 되지 않을까 하는 생각에 이르렀다. 그래서 도입된 방법은 mRNA에 상보적인 RNA를 대량 넣어 mRNA와 이 상보적 RNA(안티센스 RNA라고 부른다)가 수소 결합을 해서 mRNA가 번역되는 과정이 저해되게끔 만드는 것이었다.

그런데 연구에 따라 잘되기도 하고 안되기도 한 것이 널리 알려져 있다. 왜 어떤 경우는 되고 어떤 경우는 안될까? 혹시 다른 이유가 있는 건 아닐까? 이 질문이 정확히 파이어와 멜로 교수가 추구했던 질문이었다. 어떻게 보면 과학적 본질이 아닌 아주 지엽적인 기술적 문제처럼 보였다. 이들이 진행한 실험도 그렇다. 아주 깨끗하게 정제된 mRNA, 불순물 없이 아주 깨끗하게 정제된 안티센스 RNA 두 가지를 섞어서 예쁜꼬마선충에 도입해 주는 실험을 한 것이다. 당연히 안티센스 RNA가 표적 mRNA에 붙어서 번역을 방해했을 것으로 기대하게 된다. 그랬다면 노벨상은 없다. 결과는 정말 깜짝 놀라게도, 두 가닥 RNA를 넣어 준 경우에만 유전자 발현 저해가 일어난 것이었다. 이 학자들

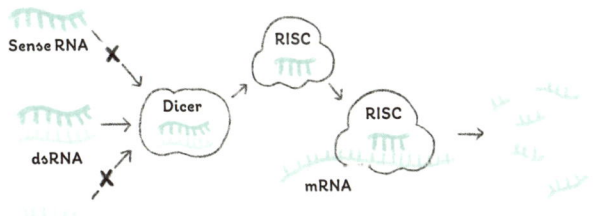

RNA 간섭 현상의 모식도.
dsRNA를 넣어 주는 경우에만 표적 mRNA를 분해할 수 있다

이 쓴 논문의 초록에도 "우리도 놀랐지만…"이라는 표현으로 이러한 놀라움이 그대로 반영되어 있다.

어떻게 보면 기술적 문제를 해결하고자 하는 집요한 노력이 자연에 존재하는데 우리가 몰랐던 놀라운 비밀을 밝히는 열쇠가 될 줄이야. 본인들도 당연히 몰랐다. 그런데 지금은 RNA 간섭 현상은 거의 모든 생명체에 적용되는 현상임을 알고 심지어 항암 전략으로 발암 유전자 발현을 억제하는 신약 개발의 모티프가 되고 있기도 하니 이보다 노벨상의 취지에 잘 맞는 연구 업적은 별로 없을 것이다.

초록 형광으로 빛나는 예쁜꼬마선충이라니

예쁜꼬마선충에서 발견한 RNA 간섭 현상의 연구 업적은 노벨생리의학상으로 귀결되었는데, 꼬마선충에서의 연구가 특이하게도 노벨화학상으로 귀결된 것이 있었다. 바로 녹색 형광 단백질이다. 그 주인공은 마틴 찰피 교수인데, 이분은 예쁜꼬마선충에서 물리적 접촉을 인지하는 뉴런(터치 뉴런이라 부른다)에 대한 선도적 연구를 하신 과학자로서 이 연구 업적으로 노벨상을 받을 수 있을 것으로 예상되었다. 그런데 느닷없이 노벨화학상을 수상하였다.

이분은 예쁜꼬마선충의 투명한 몸에서 본인이 관심을 가진 세포들만 살아 있는 상태에서 보고 싶었는데 그 방법이 마땅치 않았다. 그러다 어느 학회에서 해파리에 있는 단백질 중에 빛을 받으면 스스로 형광을 내는 단백질이 있음을 알게 되었고, 그 단백질의 아미노산 정보를 가진 유전자 DNA 서열을 밝힌 다음, 이 서열 앞에 터치 뉴런에서 발현하게 하는 DNA 서열(프로모터 부위라고 부른다)을 붙여서 선충의 생식선에 주입했다. 이 새로운 유전자를 받은 자손들은 원래 가지고 있지 않았던 새로운 유전자를 가지고 있어서 '형질 전환' 동물이 된 것이다.

그럼 이 새 유전자 DNA는 어떤 과정을 겪게 될까? 모든 형질 전환 동물 개체의 세포들에 이 DNA가 들어 있을 것이지만 터치 뉴런에서 발현하게 하는 프로모터 서열 덕분에 형광 단백질 유전자는 터치 뉴런에서만 전사가 되어 mRNA로 만들어지고 그것이 다시 번역되어 형광 단백질이 되는 것이다. 이 개체들에 푸른 빛을 쬐어 주면 터치 뉴런에만 형광 단백질이 있어서 초록색 형광을 내게 된다. 이런 형광은 예쁜꼬마선충이 투명하기 때문에 형광 현미경

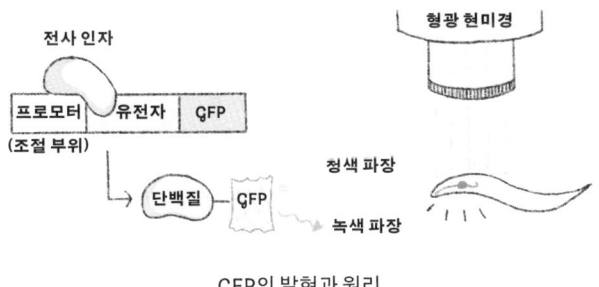

GFP의 발현과 원리

에서 아주 잘 보인다. 이 현상을 마틴 찰피 교수는 『사이언스』 학술지에 게재하면서 특정 유전자의 발현 양상뿐 아니라 단백질의 위치 등의 정보도 살아 있는 개체 속에서 직접 얻을 수 있을 것임을 강조하였고, 이후 실제로 그렇게 되었다. 이제는 형광 단백질 실험을 하지 않는 유전자 발현 연구는 상상할 수 없게 되었으니 그 여파가 얼마나 컸는지 짐작할 수 있다. 당연히 노벨상의 가치를 가진 연구 업적이다.

2025년, 황가람의 〈나는 반딧불〉이라는 노래가 역주행하였다. 하늘의 별인 줄 알았는데 알고 보니 개똥벌레였다고, 그럼에도 실망만 하지는 않는다는 위로의 가사가 비상 계엄이라는 황당한 역사의 한가운데서 시민들이 느낀 무기력감을 극복하는 데 도움이 되었기 때문이 아닐까. 나는 이 노래를 듣는 순간 '아, 이 노래는 예쁜꼬마선충과 그것을 연구하면서 고생하는 연구자들을 위로할 수 있는 노래구나'라는 느낌이 왔다. 최근에 세계를 놀라게 한 인공지능에게 노래 가사를 주고 예쁜꼬마선충, GFP, 그리고 과학적 위트를 섞어 개사를 해 달라고 부탁을 했더니 다음과 같은 가사를 주었다. 내가 조금 수정했으니 감안해서 봐 주기 바란다. 조만간 노래로 들을 수 있기를 기대해 본다.

나는 빛나는 선충

[1절]
나는 내가 빛나는 별인 줄 알았어요
현미경 속에서도 눈부셨죠
몰랐어요 난 내가 선충이란 것을
그래도 괜찮아 GFP이니까
무적의 해파리가 준 빛인 줄 알았어요
유전자에 새긴 작은 별
몰랐어요 이 빛이 과학의 꽃이란 걸
그래도 괜찮아 나는 노벨의 빛이니까

[후렴]
빛나게, 빛나게, GFP 벌레들아
세포마다 번져 가는 네 초록빛 DNA
(Glowing, glowing, GFP!)
생명의 등불이 된 널 보며 웃어요

우주보다 작은 네 몸이 신비를 깨웠죠

[2절]
깊은 땅속에서도 물속에서도
형광은 내 이름이 됐어요
과학자가 날 부르면 답하죠
여기 있어요 빛나는 모델이!
한참 동안 찾았던 생명의 퍼즐
유전 코드를 다 알 순 없었죠
하지만 내 형광이 길을 밝혔어
암흑도 이겨 낸 작은 승리

[브리지]
알고 있나요? 이 빛의 시작은
바다 깊은 해파리의 선물
이제 난 생명 실험의 주인공이에요
인간을 위한 빛이 될 테니

[아웃트로]
나는 내가 빛나는 별인 줄 알았어요
과학이 내게 준 눈부신 이름
이제 알아요 난 빛의 선충이란 것을
그래서 좋아요 미래를 여는 내 빛!

2024년에 만난 예쁜꼬마선충의 네 번째 노벨상

2024년 10월 7일 저녁, 나는 우리 연구실 출신 졸업생들과 서울역 뒤편에 있는 막걸릿집에서 두루치기 안주에 막걸리를 마시고 있었다. 내 연구실에서 학위를 하고 새로운 직장으로 옮겨 간 제자의 축하 모임을 전국에서 오는 참석자를 배려하여 서울역 근처로 자리를 잡았다. 막걸리가 몇 순배 도는데 노벨상이 마이크로RNA에 주어졌다는 소식이 전해졌다. 빅터 앰브로스와 게리 러브컨 박사가 주인공이었다. 솔직하게, 처음엔 약간 의외라는 느낌을 가졌다. 이미 RNA 간섭 현상이 노벨상을 받았고, 이 과정에 관여하는 상당히 많은 단백질이 마이크로RNA의 작동 과정에서도 쓰이기 때문이었다. 거꾸로, RNA 간섭 현상이 노벨상을 받았을 때 우리는 마이크로RNA 발견의 공로를 가진 학자들이 배제되어 의아했던 기억이 있을 정도다. 그런데 곰곰 생각해 보니 노벨상 위원회의 깊은 계획이 있었구나 싶었다. RNA 간섭 현상은 그 자체로 아주 흥미로운 생명 현상이고, 마이크로RNA는 많은 조절 작용을 하는 조절자여서 상당히 다른 수준에서의 발견이라고 할 수 있기 때문이다. 굳이 예를 들자면 양자역학 분야에서 물리학상이 여러 번 나온 이유는 그 분야가 중요하기 때문이다. 당연히 전혀 다른 분야의 발견도 멋진 것들이 많았는데 굳이 연관 있는 분야를 다시 골랐냐는 불만은 있을 수 있겠다. 그런 불만을 가진 사람은 더 멋진 상을 새로 하나 만들어서 그럴

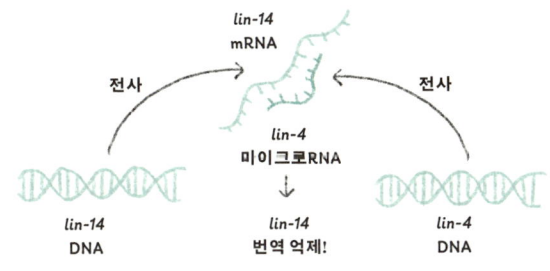

lin-14 mRNA의 번역을 조절(억제)하는 *lin-4* 마이크로RNA

게 운영해 보면 어떨까.

2024년 노벨화학상을 수상한 베이커 교수는 스웨덴에서 걸려 온 전화에 "거인의 어깨 위에 올라간" 느낌이라고 답을 했는데 이는 뉴턴이 혼자의 힘이 아니라 축적된 지식의 정점에서 새로운 지식이 탄생함을 의미한다는 뜻으로 사용하여 유명해진 말이다. 2024년 노벨생리의학상도 예외가 아니었다. 거슬러 올라가서 2002년 시드니 브레너 경이 제자 두 사람과 함께 노벨생리의학상을 받았는데 그 업적 중 중요한 하나는 예쁜꼬마선충의 세포 계보를 완벽하게 작성하였다는 것이었다. 세포의 계보가 완벽하게 알려졌다는 점은 세포 사멸 현상뿐 아니라 이후의 수많은 연구의 시발점을 제공하였는데, 그중 하나가 세포의 계보가 잘못되는 돌연변이 연구를 통한 것이었다. 세포의 계보가 잘못되었다는 의미로 *lin-*이라는 유전자 이름이 붙었고 한 예로 노벨상에 빛나는 마틴 찰피, 로버트 호비츠, 그리고 존 설스턴 박사가 공동으로 쓴 논문이 1981년에 발표되었는데 세포의 계보가 비정상적으로 반복되는 돌연변이에 대한 보고였다. 흥미로운 것은 그중 하나가 *lin-4*라는, 2024년 노벨상의 뿌리가 된 돌연변이였다. 이들이 바로 빅터와 게리가 올라탄 거인들이라 하겠다.

빅터 앰브로스와 게리 러브컨이 MIT의 호비츠 연구실에 합류하면서 특정 발생 단계가 반복되거나 생략되어서 발생 지연 또는 조숙이라는 표현 형질로 정의하게 되는 '이종시성(heterochronic)' 돌연변이를 본격적으로 탐구하기 시작했다. *lin-4* 유전자의 기능이 상실된 변이는 계보의 지연 형질이 나타나고, *lin-14*의 기능이 상실된 변이는 계보의 조숙 형질이, 기능이 비정상적으로 올라간 변이는 계보의 지연 형질이 나타나는 흥미로운 상황이었다. 발생의 시간도 유전적 조절을 받는다는 통찰 자체가 흥미로웠고, 그 기전에 관심을 가지게 된 것이다.

이 두 과학자가 각각 자신의 연구실을 차려서 독립하게 되었을 때 빅터는 *lin-4*를, 게리는 *lin-14*을 연구하기로 했다. 그런데 이들은 연구 초기에 아주 운이 나빴다. *lin-14*는 핵 속에 있는 단백질이라는 정보 이외에는 비슷한 유전자가 다른 생물에서는 발견되지 않는 특이한 서열의 유전자였다. *lin-4*는 설상가상으로 단백질 정보도 없는 유전자였다. 빅터가 1993년 논문 초록에 *lin-4*는 단백질 정보를 가지지 않는다고 명시할 정도로 특이한 유전자였다. *lin-4* 유전자는 아주 크기가 작은 RNA의 정보를 가지고 있었고 그 크기가 작아서, 사실 아주 작아서 마이크로RNA라고 이름 붙이게 되는데, 그냥 단순히 작은 RNA라면 'small'이라고 할 수도 있었을 텐데 '아주 작은' 것을 강조하고 싶었던 것 같다. 나는 당시 박사과정 학생이었는데 이 연구 결과를 듣고 현상은 정말 흥미로운데 참 운이 나빴다고 생각했다. 사람에게 비슷한 유전자가 있다면 훨씬 주목을 많이 받는, 영향력 있는 논문이 되었을 것인데 이들은 너무나 특이한 유전자를 발견해 버린 것이었다.

　대반전은 포기하지 않는 연구의 끝에서 얻어졌다. *lin-14*과 *lin-4*의 표현 형질이 반대인데 이들 둘 다에 돌연변이가 있으면 어떻게 될까? 이들은 *lin-14* 단독 변이와 같은 표현 형질을 나타내는데 이는 *lin-4*가 *lin-14*의 작용을 억제하는 순서로 이들 유전자들이 작용함을 의미한다. 이제 남은 질문은 어떻게 억제하는가였다. 이 두 연구실은 *lin-4* 유전자에서 만들어지는 RNA가 *lin-14*의 mRNA 끝부분에 있는 상보적인 서열과 서로 수소 결합을 통한 두 가닥 중합을 형성할 수 있다는 것을 발견하게 되었으니 우연을 가장한 필연이 아닐까. 즉, *lin-4*는 RNA로 만들어져서 *lin-14*의 mRNA가 단백질로 번역되는 것을 막는 식으로 조절한다는 걸 발견한 것이다. 이들은 1993년 12월 『셀(Cell)』 학술지에 이 새로운 조절자들에 대한 결과를 나란히 발표하였다. 게리 연구실의 논문에 공동 1저자가 두 명 있었는데 그중 한 사람은 한국인 과학자였으니 노벨과학상에 가장 가까이 가 본 한국인이 아닐까.

    lin-4 유전자가 마이크로RNA로 만들어져서 완전히 새로운 기전의 유전자 발현 조절 기전이 된다는 것은 대단한 발견이다. 왜냐하면 그 이전에는 알지 못했던, 사실 짐작하기도 힘들었던, 새로운 현상이었기 때문이다. 그런데 여전히 한 가지 의문이 남았다. *lin-14*이 비슷한 유전자를 다른 생물에서 찾지 못해 실망했었던 것처럼 *lin-4*도 마찬가지였다. 이들이 선충에만 있는 특이적인 현상이 아닐까 하는 의문이 들 수밖에 없었다. 그런데 스토리의 반전은 2000년에 게리 연구실에서 진화적으로 잘 보존된 *let-7*이라는 마이크로RNA 유전자를 발견하면서 완성되었다. 이후 많은 마이크로RNA가 다양한 생물에서 발견되고 사람의 질병 원인 유전자로도 밝혀졌다. 이제 완전히 새로운 유전자 조절자로서의 아주 작은 RNA라는 '아주 중요한 발견'에다 '인류의 안녕에 기여'할 수 있는 두 가지 조건이 모두 갖추어졌으니 의심의 여지 없이 노벨생리의학상감이라 하겠다. 돌이켜 보면 노벨상에 빛나는 RNA 간섭 현상도 두 가닥의 RNA가 유전자 발현 조절을 할 것이라는 전혀 짐작도 할 수 없는 현상으로 발견되었으니 노벨상은 그 상을 목표로 하는 사람에게 가는 것이 아니라 호기심과 끈기로 자신의 길을 포기하지 않고 걸어가는 과학자에게 열

린다는 교훈을 새길 수 있다.

　수상자 중 한 분인 빅터 앰브로스 교수가 2025년 2월 한국을 방문하셨다. 아마도 수상자가 이렇게 빠르게 한국을 방문해 준 경우가 거의 전무후무할 것이다. 실제로 앰브로스 교수는 지난 12월 스웨덴 여행 후 첫 해외 여행지가 서울이라고 확인해 주었다. 앰브로스 교수를 초청하는 데 결정적인 역할을 한 대구경북과학기술원 교수는 장문의 편지를 앰브로스 교수에게 보내 거의 즉각적인 초청 수락을 받아 냈다고 한다. 그 비결을 물어보니 앰브로스 교수는 소규모 모임에 대한 애정이 크고 학생들을 만나서 교류하는 것을 아주 좋아하셔서 한국에서 그런 멋진 기회를 가지실 수 있을 것이라고 호소했더니 바로 통했다는 것이다.

　앰브로스 교수는 한국에 오셔서 네 개의 강연을 연달아 소화하셨는데 그중 두 번째 강연은 비영리 학술 단체인 최종현학술원에서였다. 나는 사회자로서 연사를 소개했다. 한국에서 노벨상 수상자는 직접 만난 적이 없는데 내가 가장 최근의 수상자와 이렇게 같은 공간에 있다는 것이 믿기지 않는다는 말로 앰브로스 교수를 무대로 모셨다. 그런데 정작 앰브로스 교수는 먼저 양해를 구하고자 한다면서 강연을 시작하였다. 무슨 말인가 했더니, 자신은 아주 평범한 사람이고 노벨상과 관계없이 아주 과학을 좋아하고 열심히 하는 수많은 과학자의 한 사람일 뿐인데, 이렇게 환대를 받게 되니 미안하고 영광이라고 하시는 것이 아닌가.

2025년 한국선충학회 사진.
빅터 앰브로스 교수가 맨 앞줄 오른편에 앉아 있다

그러면서 어린 시절 성적표도 보여 주었다. A 학점이 아니라 B 학점도 많은. 과학을 하지 않아야겠다는 생각은 한 번도 해 본 적이 없지만 탁월한 천재류와는 거리가 먼 그런 사람이라고 자신을 소개했다. 다른 자리에서는 본인이 노벨상을 받았으니 누구나 받을 수 있는 거라고 믿어도 좋다는 말을 덧붙이기도 했다. 이렇게 겸손한 과학자는 처음 봤다, 솔직히. 현장에서 그 많은 청중들의 눈이 예외 없이 하나하나가 빛나는 별과 같다는 느낌을 받을 수 있을 정도로 앰브로스 교수는 우리 청소년과 학문 후속 세대에게 큰 울림을 전해 주었다.

학생들의 질문이 수도 없이 이어졌다. 그중에는 과학을 하다가 힘들어서 어디로 가야 할지 모르겠다는 고민도 많았다. 이런 질문에 앰브로스 교수의 답은 참 따뜻했다. 처음 가는 길이 쉬울 수 없는 것은 당연한 것이고, 내가 뭔가를 잘못해서 연구가 잘 안된다는 생각도 문제 해결을 위해 필요하지만 더 중요할 수 있는 것은 동료라고 강조했다. 내가 모르는 것은 내 동료가 알 수 있고, 그런 협력이 훌륭한 과학의 기반이 된다는 것이었다. 그리고 당연히 개인의 결심이 더 근본적인 발전의 기반이 되는 것이라고. 혼자서 하는 과학이 아니라 공동체 속에서 하는 과학이되 결과적으로는 철저히 개인이 책임져야 하지만, 협력을 통해 진행하게 되면 길이 넓어질 것이라는 충고는 그 질문을 한 학생에게는 평생 받들고 살아갈 좌우명이 될 것이라고 믿는다. 과학은 호기심으로 출발하고 끈기로 완성하는 구도자의 길과 같은 것임을 다시 새기는 좋은 기회가 되었다. 우리도 이제 노벨상 따위는 강박에서 놓아 주어도 좋겠다고 믿게 된 큰 깨우침을 주신 앰브로스 교수님께 감사한 마음이다. 호기심과 끈기, 그리고 협력이 우리의 과학을 구원할 것이다.

후일담 하나. 2025년 6월 말에 캘리포니아대학교 데이비스캠퍼스에서 전 세계 예쁜꼬마선충 연구자가 모이는 국제 학회가 열렸다. 2년에 한 번 열리는데 이번이 25회이니까 50주년이다. 이 학회에 내가 여섯 명의 초청 연사 중 한 명으로 참여하게 되어 큰 영광이라 생각하고 있다. 그런데 학회가 열리기 전에 기쁘고 놀라운 소식 하나가 전해져 왔다. 앰브로스 교수가 한국에서 받으셨던 강연료를 이 학회에 기부하시고는 한국에서 오는 대학원생들의 학회 등록비를 대신 내준다는 소식이었다. 노벨상 수상자의 겸손하신 모습에 더하여 이렇게 학생들을 배려하는 모습까지 보여 주시니 앰브로스 교수가 존경받는 이유를 즉각적으로 느낄 수 있었다. 이번 학회에 참여한 복받은 대학원생들은 학회를 최대한 즐겼기를 기대한다.

예쁜꼬마선충 어디에 쓸모가 있을까

예쁜꼬마선충의 유전학, 이것만 알면 된다

유전학이란 아주 어려운 학문 분야처럼 보일 수도 있다. 고등학교 생물학 교과서에서 유전 '법칙'이란 무서운 표현을 접해서 그렇다고 나는 생각한다. 교과서와 참고서에 있는 내용을 외우고 문제를 풀어야 하는 분야가 유전학이고, 게다가 수능에서는 무한정 꼬아서 낼 수 있는 분야 중 하나로 악명이 높았으니까. 그런데 알고 보면 참 쉬운 것이 유전학이다. 한 학기 동안 학부 수준 또는 대학원 수준의 유전학 강의를 할 수도 있지만 단 한 줄로 간추려 유전학을 이해하자고 하면 그 또한 못 할 거 없다. 바로, '돌연변이를 통해 생명 현상을 이해하는 학문'이다.

돌연변이란 무엇인가. 뭔가 달라져야 변이라고 정의할 수 있을 것이니 기준이 있어야 할 것이다. 그 기준을 우리는 야생형이라고 부른다. 예를 들면 움직이는 모양에 있어서 예쁜꼬마선충의 야생형은 사인 곡선을 이쁘게 그리는 것이다. 이러한 움직임을 벗어난 움직임을 보이는 것은 모두 돌연변이라고 할 수 있다. 이처럼 유전학의 기본은 야생형을 정의하고 그것에서 벗어나는 형질을 보이는 돌연변이를 연구하는 것이라고 하겠다.

돌연변이를 찾으면 무엇을 알 수 있을까? 예를 들어 보자. 예쁜꼬마선충이 움직이는 모양의 야생형은 사인 곡선을 이쁘게 그리는 것이라고 정의했으니 이제 그런 모양이 아닌 돌연변이를 찾았다고 하자. 실제로 시드니 브레

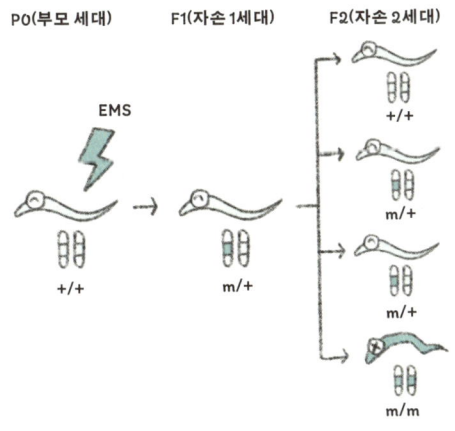

EMS를 통한 돌연변이 유도와 스크리닝 과정

너 경은 이런 비정상적인 움직임을 보이는 형질을 Unc라고 불렀다. 조화롭지 못한(uncoordinated) 움직임을 보인다는 뜻이다. 돌연변이는 저절로 생기기도 하지만(이를 자연 돌연변이라 한다), 연구를 위해서는 돌연변이가 생기기를 마냥 기다릴 수 없으니 돌연변이를 일으키는 물질을 투여해 만들게 된다(이를 유도 돌연변이라 한다). 화학 물질 중에는 DNA에 손상을 주는 것들이 있어 이를 투여하면 DNA 손상이 생기고 그 손상을 회복하려는 노력을 하는데 다 되지는 않으면 돌연변이로 남게 된다. 물론 살아남아야 우리가 볼 수 있을 것이다. 그래서 예쁜꼬마선충의 경우는

EMS(ethyl methane sulfonate)라는 물질을 적정량 투여하고 그 자손들을 많은 수 골라서 다시 그들이 자손을 생산하게 한 후 돌연변이 형질을 나타내는 개체를 찾는 방식이 전통적인 방법이다.

조금 더 풀어 보면, 돌연변이는 무작위적으로 생길 것인데, 우리가 찾고자 하는 형질이 나타나는 돌연변이를 m이라고 하자. 예쁜꼬마선충의 유전자 2만 개 중 다른 유전자에는 돌연변이가 있건 없건 우리의 관심사가 아니므로 m에만 집중해서 살펴보면 된다. 통상적으로 야생형에는 +를 붙여 준다. 확률적으로 염색체 두 개에 한꺼번에 같은 유전자에 돌연변이가 생기는 경우는 아주 드물기 때문에, 돌연변이 처리를 한 개체의 자손(이 세대를 F1이라고 부른다)은 하나의 염색체에는 돌연변이 m이, 다른 염색체에는 야생형 +가 있을 것이다. 즉, 우리가 찾고자 하는 돌연변이를 반쪽 가지고 있는 이 자손의 형질은 m/+라고 표시할 수 있을 것이다. 여기서 돌연변이는 무작위로 일어나므로 대부분 F1은 +/+임도 기억해 두자. 예쁜꼬마선충이 자웅 동체임을 떠올려 보면 m을 하나 가지는 F1 개체가 만드는 정자와 난자는 각각 m 또는 +에 해당하는 유전 형질을 가지고 있을 것이다. 그러면 자가 수정을 해서 태어나는 자손들(F2라 부른다)의 4분의 1은 m/m이라는 형질을 가진다. 우리가 눈으로 확인할 수 있는 개체는 바로 이 m/m 개체이다. 얼마나 드물게 나타나는 개체일지 상상해 보면 유전학이 그리 만만하지는 않다. 하지만 이해 불가한 영역은 절대 아니다.

위의 예에서 m/+ 유전 형질을 가진 개체는 돌연변이 형질이 나타나지 않을까 궁금한 독자를 위해서 한 기지민 더 짚고 넘어가자. 드물게 그런 경우가 있다. 그런데 훨씬 더 많은 경우는 그렇지 않은 것이 자연이다. 이런 경우 m을 열성이라고 부르고 +를 우성이라고 부르게 된다. 많은 유전자들은 하나만 있어도 충분히 역할을 할 수 있어서 m이 하나의 염색체에 생겨도 다른 염색체의 유전자로 충분히 기능할 수 있어 유비무환의 태세라고 할 수 있겠다. 예외적으로 m이 하나만 있어도 형질을 보이는 경우에는 m이 우성이고 +가 열성이 된다. 생물학 연구에서는 이런 예외가 큰 도움이 된다.

시드니 브레너 경은 Unc 형질을 보이는 많은 돌연변이 개체들을 찾아냈다. 그런데 Unc가 나타나는 돌연변이는 아주 다양한 유전자에서 일어날 수 있음을 우리는 직관적으로 알 수 있다. 예를 들어 근육에 문제가 생기면 움직임이 이상해질 수 있고 Unc 형질을 보일 것이다. 근육에서도 다양한 유전자들에서 문제가 생길 수 있고 결과는 여전히 Unc일 것이다. 운동 신경이 근육에 신호를 제대로 보내주지 않으면 Unc가 될 것이다. 자극을 느끼지 못하면 반응을 하지 못하여 Unc가 될 수도 있다. 이런 다양한 이유들로 Unc가 될 수 있으니 새롭게 찾아낸 돌연변이가 어떤 유전

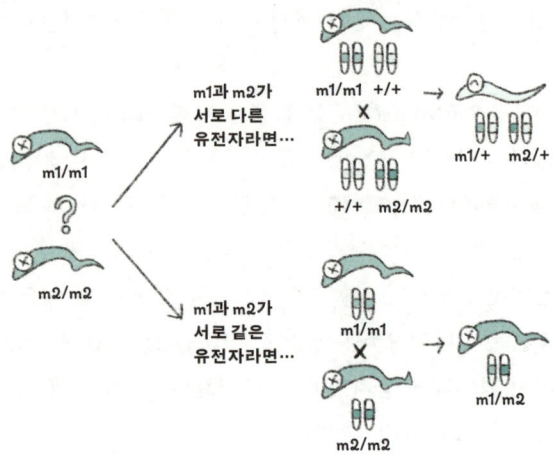

상보성 검사 과정

자에 문제가 있는지를 찾아내는 것이 유전학 연구의 그다음 과정이 된다.

이제 우리가 열 개의 Unc 돌연변이 개체를 찾았고, 이 돌연변이 개체들이 눈으로 보기에 구별하기 힘든 Unc 형질을 보인다고 가정해 보자. 그러면 이 열 개의 돌연변이가 하나의 유전자에 생긴 돌연변이일까? 그럴 수도 있고 아닐 수도 있다. 어떻게 확인할 수 있을까? 가장 직관적인 방법은 이들 돌연변이 개체들을 교배시켜 F1에서 형질을 확인하는 것이다. m1/m1 개체와 m2/m2 개체를 교배시켰을 때 F1에서는 m1과 m2가 다른 유전자의 돌연변이라면

m1/+ 혹은 m2/+로 표시될 것이고 같은 유전자라면 m1/m2라고 표시할 수 있을 것이다. 전자의 경우는 Unc가 아닐 것이고 후자는 Unc 형질을 나타낼 것이다. 즉, 교배를 시켜 F1에서 돌연변이 형질이 여전히 나타나면 그 두 번이는 같은 유전자의 돌연변이라고 결론 내릴 수 있다. 열 개의 돌연변이들을 그런 방식으로 조사하면 몇 개의 유전자에 돌연변이가 있는지 금방 알 수 있다. 이를 상보성 검사라고 한다.

전통적인 방식의 유전학(적어도 2000년까지는 그랬다)은 돌연변이가 어느 염색체에 있는지 조사하고, 그 염색체상의 어디쯤 위치하는가를 조사(이를 유전자 매핑이라고 부른다)한 후 그 부위에 해당하는 DNA 서열을 구해서 돌연변이 개체에 도입해 형질을 복구할 수 있는지 확인하는 과정을 거쳐 유전자를 확정하게 된다. 이를 유전자 클로닝이라고 부른다. 요즘의 유전학은 이런 방식을 더 이상 사용하지 않는다. 지금은 유전체의 시대이므로 첨단 기술의 힘을 빌려 유전학도 첨단이 되었다.

위에서 발견하고 동정한 돌연변이로 다시 돌아가 보자. m1과 m2가 1번 염색체에 있음이 밝혀졌고, 상보성 검사 결과 동일한 유전자의 돌연변이라고 판명되었다고 하자. 이 정도의 정보를 가지면 지금은 바로 전체 유전체의 서열 분석에 들어간다. 예쁜꼬마선충의 경우 모호성이 거의 없는 정도의 정확도로 유전체 전체를 분석하는 데 30만원 정도면 충분하다. 전체 유전체 서열을 분석하다 보면 다양한 변이들이 당연히 보일 것이다. 이때 크게 힘이 되는 것이 m1, m2가 같은 유전자의 변이라는 점이다. m1 개체와 m2 개체를 각각 유전체 서열을 비교하되 하나의 유전자에서 발견되는 서로 다른 변이를 찾으면 후보가 확실하게 줄어들 것이다. 게다가 1번 염색체에 있다고 하면 그 후보는 거의 한두 개 정도로 좁혀질 것이다. 동일 유전자의 돌연변이가 두 개가 아니라 세 개라면 더 정확하게 예측할 수 있을 것이다. 이렇게 찾아낸 후보들을 가지고 형질 복구 실험을 진행하게 되면 훨씬 수월하게 유전자 클로닝을 완성할 수 있다.

실제로 내 연구실에서 술에 강한 돌연변이들을 여러 개 찾았는데 그중 두 개가 상보성 검사에서 동일 유전자임을 알았고, 1번 염색체에 있음을 알게 되어 유전체 분석에 돌입했고, 하나의 유전자를 찾아낼 수 있었다. 다만 그 당시에는 염기 서열 분석이 아주 비싼 기술이어서 3,000만 원 이상이 들었던 기억이 있다. 지금은 100분의 1의 비용으로 훨씬 좋은 품질의 염기 서열을 받을 수 있으니 멋진 일이 아닐 수 없다. 예쁜꼬마선충의 유전학의 성패는 어떤 형질의 돌연변이를 찾아볼 것인가 하는 아이디어에 의존한다.

예쁜꼬마선충, 노화 연구의 선봉에 서다

앞에서 본 바와 같이 예쁜꼬마선충이 나름 유명하고 중요한 동물임이 증명되었다. 그럼 노벨상을 네 개나 받았으니 더는 중요한 문제가 남아 있지 않을까? 그럴 리가. 생명과학의 매력은 무엇보다도 하나를 알면 모르는 것이 훨씬 더 많이 생긴다는 데 있다. 그러니 문제를 풀면 풀수록 더 오묘한 생명의 세계로 빠져 들어가게 된다. 그 예를 들어보려 한다.

1993년 꼬마선충 학회, 나는 당시 졸업과 진로를 고민하는 대학원생이었다. 신시아 캐년은 캘리포니아대학교 샌프란시스코캠퍼스 교수이면서 논문의 1저자로 직접 구두 발표를 했다. 나는 지금도 그 발표보다 흥분되는 발표를 들은 적이 없다. 앞으로도 그럴 것이다. 연극 무대로도 쓰이는 학술 대회장 강당의 무대 전체를 누비면서, 거의 뛰어다니면서 본인의 놀라운 발견을 발표했으니까. 두 배 이상 오래 사는 선충이라. 그것도 단 하나의 유전자의 변화에 의해 생기는, 유전자에 프로그램되어 있는 노화 현상! 얼마 전 캐년 교수를 한국에 초청할 기회가 있어 직접 이야기를 나누었다. 그리고 그때의 강렬한 인상도 이야기하였다. 캐년 교수는 순순히 인정하면서 "그때 나는 정말 흥분했었지"라고 했다.

그런데 만만치는 않은 것이 노화라는 생명 현상이다. 한두 가지의 원인에 의해 노화가 진행되는 것이 아닌 것으로 보이기 때문이다. 적들이 우리 마을에 쳐들어온다고 상상해 보자. 주요 공격 루트를 차단했다고 해서 안전할까. 샛길도 있고 길이 아니던 곳에 길을 내서라도 적은 쳐들어올 수 있다. 노화라는 것이 그런 놈이다. 노화 연구는 아직도 도전의 분야이다.

수명 연장은 예로부터 인간의 꿈이었다. 노화의 원인을 찾아 제거하자는 접근법과, 노화된 세포를 제거해서 젊은 세포만 남기는 접근법, 그리고 최근에는 줄기세포를 만들 수 있는 야마나카 인자를 발현시켜 노화된 체세포에게 활력을 불어넣어 '역노화'가 가능하다는 연구 결과도 발표되었으니 앞으로 갈 길은 멀지만 뭔가 새로운 길이 보일 것이라는 기대도 할 수 있다.

나도 꼬마선충에서 수명 연구를 하였다. 그런데 의도한 것이 아니라 우연히 하게 되었다. 석사과정에 입학한 신입생이 연구를 하고 싶다고 했던 것이 계기가 되어 지금까지 우리 연구실의 주된 연구 주제는 텔로미어이다. 사람을 포함하는 모든 진핵 생물의 세포(세균과 같은 원핵 생물은 아니다!)에는 핵이 있고 그 핵 안에는 유전 물질이 들어 있는데 그 정보의 양이 많아 꽁꽁 뭉쳐서 염색체 상태로 가지게 된다. 이 염색체들은 종마다 수가 다를 수 있는데, 하나하나를 풀어 보면 긴 끈과 같아서 양쪽 끝이 닫혀 있지 않은 상태로 있다. 염색체 끝부분은 복제가 잘 안되어 따로 복제 기전을 가져야 하고 염색체가 실수로 부러진 상태와 구별이 되어야 하는 문제를 해결하기 위해 운동화 신발 끈과 마찬가지로 끝부분을 보호하게 되는데, 그 끝부분을 텔로미어라고 부른다.

사람의 경우 이 텔로미어 부분의 복제는 생식 세포나 줄기세포에서만 일어나고 일반적인 체세포에서는 일어나지 않아서 세포 분열을 거듭할수록 텔로미어 길이가 짧아지게 된다. 그러다 너무 짧아지면 염색체 안쪽까지 손상될 우려가 생기는데 이때 세포들은 더 이상 세포 분열을 하지 않음으로써 텔로미어 손실을 막게 된다. 이것이 바로 세포 노화 현상이다. 즉, 세포가 더 이상 분열하지 않는 상태에 이르는 것이 세포 노화이다. 텔로미어가 짧아지면 세포 노화에 빠지게 되고, 텔로미어가 짧아지지 않더라도 다른 이유로 세포 분열을 중단하기로 결정하면 그 또한 세포 노화의 원인이 될 것이다.

그럼 텔로미어를 길게 만들어 주면 세포 노화를 막을 수 있을까 하는 것이 자연스런 질문이다. 세포 수준에서는 그런 것 같다. 지나치게 텔로미어 길이가 짧아지지 않도록 해 주면 세포 분열의 횟수가 늘어나게 된다. 그럼 개체 수준에서는 어떨까? 이 질문은 사실 세포 노화와 개체 노화를 다르게 정의한다는 것을 전제한 질문이다. 세포 노화란 세포 분열을 하지 않게 되는 상황을 의미하는 반면 개체 수준에서의 노화는 세포 분열을 하지 않는 수준이라기보다는 기능적으로 더 이상 '젊지 않음'을 의미하기 때문에 세포 분열 가능 여부만으로 판단할 수 없는 문제인 것이다.

또 다른 수준의 질문은 노화는 반드시 사망과 직결되는가 하는 문제이다. 세포가 노화되었다고 해서 곧바로 사멸되는 것은 아니다. 마찬가지로 개체 수준에서도 노화가 진행되었다고 해서 곧바로 개체의 사망으로 직결되지는 않는다. 그래서 노화와 수명은 비슷하면서도 다른 질문이 될 수 있다. 그럼에도, 노화 연구를 수명 연장 연구와 같은 선상에서 이해하게 되는 이유는 결과적으로는 수명과 연결된다고 믿기 때문이다.

내 연구실에서 텔로미어 결합 단백질을 찾는 연구를 하다가 노화 또는 수명 연구에 들어가게 된 것도 우연치고는 준비된 행운이었다. 엄청난 양의 선충을 키워서 한 가닥짜리 텔로미어에 결합하는 단백질을 분리하고 그 아미노산 서열을 분석하여 가장 확실한 단백질 하나를 찾았고, 그 단백질 유전자를 과발현시켰더니 세대를 지나면서 텔로미어 길이가 조금씩 길어지고 과발현을 없애면 다시 조금씩 짧아지는 것을 확인하였다.

그런데 이 연구를 하던 학생이 어느 날 이 단백질을 과발현하고 있는 선충들이 나이를 먹어도 조금 더 생생하고 오래 사는 것 같은 느낌이 있다고 했다. 나는 '앗 노화 관련 현상이구나' 하는 생각이 번쩍 들었고, 그때가 텔로미어와 노화 수명 연구가 시작된 순간이었다. 이 연구원의 번쩍이는 관찰력이 아니었으면 우리는 이 단백질이 텔로미어에 결합하는지 아닌지에만 매달려 그렇고 그런 연구 결과만 얻었을 것이다. 전혀 새로운 국면으로 들어가게 된 데에는 개체 수준에서 모든 유전적 배경과 환경을 최대한 동일하게 유지한 채 오로지 텔로미어만 길게 만들어서 수명을 조사할 수 있는 이상적인 실험 설계 덕분도 있었다.

    그런데 텔로미어 결합 단백질을 과발현시켜서 사실은 조금 다른 복잡한 상태 아니냐는 문제 제기가 당연히 가능했다. 여기서 우리는 지금 생각해 봐도 참으로 멋진 아이디어로 돌파할 수 있었다. 예쁜꼬마선충에서는 우리가 도입해 주는 유전자가 핵 속에서 염색체에 끼어들어 가서 안정적으로 있는 상태가 아니라 염색체와는 별도로 뭉쳐서 존재하고, 따라서 세포 분열을 할 때 종종 잃어버리기도 한다는 사실을 이미 알고 있었다. 일반적으로 이 현상은 형질전환 동물에서 외부에서 넣어 준 유전자를 유지해야 하는 상황에서는 좋지 않은 단점이지만 우리는 이 현상을 반대로 이용하기로 했다. 즉, 텔로미어 결합 단백질 유전자를 무려 25세대 동안 계속 과발현시키고(F25세대라고 부른다), 그 세대에서 이 외부 유전자를 잃어버린 개체를 찾아서 두 세대를 더 보냈다(F25-2세대라고 부른다). 그리고 조사를 해 보니 도입되었던 유전자는 깔끔하게 사라졌고 텔로미어는 아직은 여전히 긴 상태로 남아 있었다. 이 개체들은 모든 조건이 원래의 선충과 동일한데 텔로미어만 길어져 있었던 것이다. 이들도 오래 살았다. 심지어 F25-7세

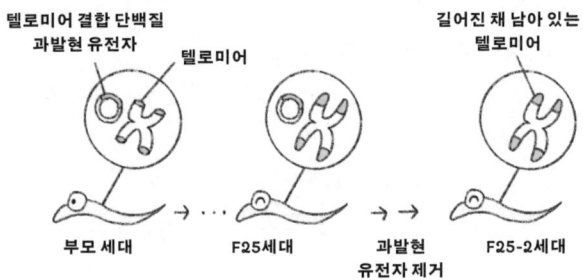

텔로미어 결합 단백질 과발현 실험 과정

대, 즉 외부에서 도입해 준 유전자를 25세대 동안 발현시키고 없앤 후 7세대를 더 보낸 선충들의 경우 텔로미어가 어중간하게 짧아졌고, 수명 연장 효과가 그에 비례하는 수준까지 일어났다. 텔로미어 길이 연장이 수명 연장과 밀접한 관계를 보인 것이다. 모든 조건이 동일하다면 텔로미어 길이 연장이 수명 연장의 효과를 낸다.

수명 연구는 정말 쉽지 않은 연구이다. 시간도 오래 걸리고 조건도 까다롭다. 우리는 이 연구 이후에는 텔로미어만으로는 수명 연장을 시키는 것에 한계가 있다는 점을 알게 되었고(왜냐하면 동일 유전적 배경에서는 텔로미어 효과를 볼 수 있지만, 다양한 유전적 배경에서는 텔로미어만으로는 수명 효과를 확인할 수 없고, 할 수 있다 하여도 정확한 실험 조건이 아니기 때문이다), 수명 연구는 뭔가 새로운 돌파구를 기다려야 하겠다는 심정으로 후퇴하였다. 그 대신, 우리는 텔로미어가 비정상적으로 길어져서 세포 분열을 마음대로 하게 되는 암세포에서의 텔로미어에 관심을 가지게 되었고 지금도 그 연구를 열심히 하고 있다.

수명 연장에 기여하는 새로운 물질 찾기

예쁜꼬마선충이 모델 동물로서 각광을 받는 이유 중 하나는 선충에서의 연구 결과가 사람에게도 적용될 수 있기 때문이다. 그리고 거꾸로 사람에서 알고 싶은 것을 대신하여 선충에서 대규모 실험이 가능하기 때문이다. 우리 연구실은 우리나라에서 꼬마선충 연구를 시작한 최초 연구실 중 하나여서 협력 연구의 기회도 많이 가질 수 있었는데 특히 의과대학 연구실과의 협업이 종종 있었다. 그중 가장 대표적으로 이야기할 수 있는 것은 한센병 치료제로 쓰이는 항생제 댑손에 대한 것이다.

서울대학교 의과대학 생화학교실의 박상철 교수님은 우리나라 최고의 노화 및 장수 연구자이다. 백세인 연구 등을 통해 실질적으로 장수에 기여하는 많은 활동을 제안하시는 등 연구와 계몽을 겸해서 실천하시는 참연구자이다. 박 교수님 연구실에서 연락이 왔다. 우리나라 한센인 통계는 세계적으로도 예를 찾기 힘들 정도로 정확도가 큰, 모든 분들에 대한 전수 조사 기록이어서 의미가 큰데, 박 교수님이 언젠가 소록도에 방문하셨다가 한센인들의 평균 수명이 상당히 길다는 느낌을 받으셨고 조사를 해 보니 실제로 그러했다는 것이었다. 그런데 한센인의 경우는 국가가 통제적으로 관리를 했을 뿐 아니라 이분들의 절제된 생활, 종교 등 다양한 원인이 있을 수도 있었다. 하지만 한센병 치료제인 댑손을 평생 복용한 그룹이 그렇지 않았던 그룹에 비해 통계적으로 유의한 수준의 차이를 보이면서 수명이 길었다는 결과는 생물학적으로 검증해 볼 만한 사안이었다. 박 교수님은 이것에 대한 연구를 제안해 왔고 우리도 흥미로운 가설이었기에 당연히 동의 후 꼬마선충에서 연구를 했다. 댑손을 투여한 선충은 그렇지 않은 선충에 비해 훨씬 오래 살았다. 어렸을 때부터 먹여도 오래 살았고 어른이 된 후에 먹여도 오래 살았다.

그리고 우리는 후속 연구로 기전도 밝힐 수 있었다. 원래 댑손 항생제는 세균의 증식을 억제 또는 방해하는 약으로 세균에만 있는 효소 작용을 방해하는 기전을 가지고 작동하게 된다. 그런데 그 효소는 사람이나 선충 세포에는 없으니 사실은 항생제의 표적은 없는 셈이다. 그러나 약이란 원래의 기전과는 관계없이 표적 효소와 비슷하게 생긴 구조가 있다면 거기에서도 작동할 수 있을 것이라는 데 착안을 하고 잘 찾아보고 싶었다. 우리나라 구조생물학의 최고봉인 포항공과대학교의 조윤제 교수에게 연락을 해서 우리 연구를 설명드리고 DDS의 표적을 찾고 싶으니 도와 달라고 호소하였다. 조교수 연구실에서 고생고생하여 하나의 후보 단백질을 찾아 주었다. 세포들의 에너지 생성에 가장 활발히 쓰이는 TCA 회로에 들어가는 피루브산을 활성화시키는 효소인 피루브산 인산화 효소였다. 이 효소가 활성을 많이 나타내면 TCA 회로는 잘 돌아갈 것이지만 활성 산소도 많이 만들어지는 부작용도 있을 것이다. 우리는 DDS가 시험관에서 이 효소의 활성을 저해한다는 결과와, 실제로 이 효소 유전자의 돌연변이를 만들어 조사해 보니 수명이 길어졌다는 사실로부터 댑손을 투여하면 활성 산소가 적게 만들어져서 수명이 연장되는 효과가 나는 것으로 결론을 낼 수 있었다.

한 가지 더 흥미로운 것은 이 효소가 선충에는 두 개 있는데 그중에서도 근육에 있는 효소에서 이 효과를 나타낸다는 것이었다. 근육의 노화를 늦추면 개체의 노화도 지연시킬 수 있다는 짐작을 가능하게 했다. 그런데 사람에서도 그럴지는 전혀 알 수 없다. 여전히 의문 부호가 있지만 사람에서 잘 살펴보고 적용 가능성을 탐색해 볼 이유는 충분히 제공했다고 볼 수 있겠다. 예를 들면 설치류나 다른 모델 동물에서도 그런 효과를 내는지, 항생제 기능은 없으면서 수명 연장 효과만 내는 파생 물질은 만들 수 없는지 등 다양한 가능성이 열려 있다. 인공 지능의 시대에 이런 성질을 가지는 새로운 물질을 찾아 인류 복지에 기여할 수 있는 시간이 곧 오기를 기대해 본다.

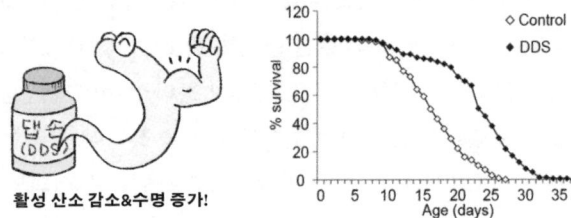

DDS를 섭취한 선충/DDS를 처리한 선충의 수명이
실제로 연장된 그래프(PMID: 20974969)

꼬마선충, 단 302개의 뉴런으로 신경 써서 할 일을 많이도 해낸다
예쁜꼬마선충이 단숨에 생물학 무대의 주연 중 하나가 될 수 있었던 것은 단순한 해부학적 특징 때문이었다. 브레너 경이 주목한 두 가지 가장 중요한 생명 현상이 발생과 신경계의 신비였던 점을 상기해 보면 명확해진다. 어른이 되었을 때도 예쁜꼬마선충의 몸은 단 959개의 체세포만으로 구성된다(여기서 체세포로 특정하는 이유는 생식 세포를 제외한 수를 의미하기 때문이다. 생식 세포는 개체마다 다른 숫자를 가질 수 있고 그 수가 1,000개에 이를 수도 있고 성질이 전혀 분화되지 않은 날것의 상태여서 별개로 취급하게 된다). 그리고 발생도 단 하루 정도에 대부분의 과정이 진행되니 실험을 하는 입장에서는 시간을 벌기에 가장 좋은 동물 모델인 것이다. 게다가 계보가 모두 정해져 있어서 발생의 기전을 계보별로 살펴볼 수 있다는 멋진 장점을 가진다.

302개의 뉴런으로 이루어진 신경계는 뇌의 축소판이라 할 수 있다. 사람의 뇌를 생각해 보면 엄청나게 많은 수의 세포들이 모여서 엄청나게 복잡한 구조를 이루고, 그것을 가지고 온갖 복잡한 기능을 담당하니 분석의 대상으로는 최악의 수준이다. 반면에 단 302개의 뉴런으로 신경계가 할 수 있는 일 중 기본적인 것을 해내는 선충의 경우는 뇌 기능 구조 연구를 위해 이보다 간편한 모델을 찾기 힘들 정도로 단순한 세포학적 구조를 가진다.

그러면 이 단순한 구조로 어디까지 할 수 있을까? 기억은 조금할 수 있을까? 예를 들어 보자. 예쁜꼬마선충은 보통은 20도 정도의 온도에서 잘 자란다. 15도에서는 조금 느리기는 하지만 자라는 데 문제는 없다. 25도에서는 조금 빨리 자라는 것 빼고는 특별한 문제가 없다. 27도를 넘어가면 열 충격 상황이 되어 아주 비실비실해지고 자손을 만들지 못하게 될 뿐 아니라 개체의 생명도 위험해진다. 휴가를 다녀와서 연구를 계속하고 싶으면 10도짜리 배양기에 넣어 두면 된다. 생명에는 지장이 없으나 자라지 못해서 그대로 있게 된다. 그러면 어렸을 때 15도에서 키우던 선충을 어른이 되고 나서 15도, 20도, 25도로 서로 다른 온도 환경을 제시해 주면 어떤 일이 벌어질까? 아무 기억이 없다면 온도와 관계없이 흩어질 것이나, 실제로는 15도

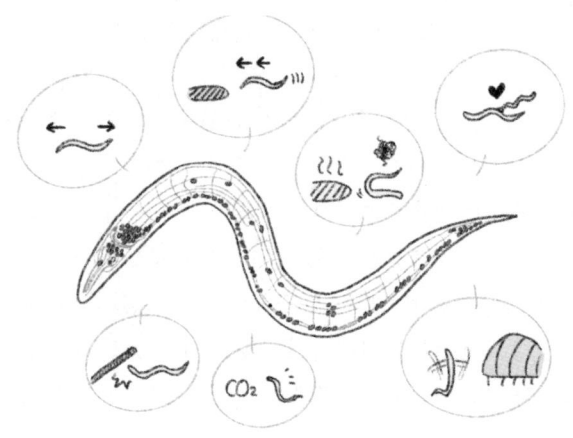

302개의 신경 세포로 다양한 행동을 할 수 있는 예쁜꼬마선충

온도를 찾아서 머물게 된다. 15도가 항상 좋아서 그런 걸까? 아니다. 왜냐하면 25도에서 키우던 선충은 나중에 여러 온도를 주어도 25도를 찾아가서 머무는 것을 볼 수 있기 때문이다. 고향 찾아가듯이 어렸을 때 편안했던 온도를 기억하고 찾아가는 것이다. 그 기억은 어디에 저장되어 있을까? 기억을 상실한 돌연변이를 찾아서 변이의 정체를 연구하면 어떤 유전자가 어떤 뉴런에서 어떤 일을 해서 기억을 만들고 저장하는지 찾을 수 있을 것이다. 이런 연구를 우리는 선충을 이용한 신경계에 대한 유전학적 연구라고 부른다.

기억 작용이 뇌 기능 중 나름 고도의 기능이라고 할 수 있을 것이니, 다양한 다른 신경 기능을 선충이 할 수 있음은 이제 당연히 받아들일 수 있겠다. 실제로 대부분의 신경 전달 물질이 진화적으로 보존되어 있고, 신경 전달 물질을 만들고 배달하는 데 쓰이는 단백질들도 보존되어 있다. 선충에서 새로운 단백질과 기능을 찾으면 사람에게도 적용될 가능성이 매우 높다. 내가 1994년 박사후연구원 프로젝트로 제안했던 연구 내용은 신경 전달 물질을 세포 밖으로 내보내는 데 필요한 단백질로 제안된 여러 단백질 중의 하나인 SNAP-25를 예쁜꼬마선충에서 찾고 그 기능을 규명하는 것이었다. 이후 이 단백질들을 연구한 연구자들이 2013년에 노벨상을 받았으니 나름 촉이 아주 좋았던 것 같다.

흥미로운 신경 현상 중 단순화시켜서 풀 수 있는 문제가 있다면 예쁜꼬마선충이 가장 좋은 모델이 될 것이다. 학습이나 기억의 지움, 언어, 소통 등과 같은 고도의 기능 말고, 단순한. 하나의 예로 물리적 자극에 대한 신경계의 반응을 들어 보자. 아프거나 따갑거나 뜨거운 외부의 자극을 잘 인지하지 못하면 환경 요인이 개체의 안전을 위협할 수 있으니 뉴런이 잘 감지하는 것이 중요하다. 그런데 그런 감각에 대한 구체적인 기전이 생각보다 많이 밝혀져 있지 않다. 예를 들어 만지는 것에 대한 감지를 하는 수용체에 대해서도 2022년에서야 노벨상으로 인정받을 정도로 아주 최근의 연구 동향이라 하겠다. 노벨화학상에 빛나는 마틴 찰피 교수는 1980년대부터 이 문제를 풀기 위해 노력한 대표적인 학자이다. 예쁜꼬마선충의 뉴런 302개 중 몸의 터치에 반응하는 뉴런은 단 6개밖에 없음을 보였고, 이들 뉴런에 문제가 생겨서 터치에 반응을 다르게 하는 돌연변이들을 찾아 *mec-*라 명명하고 연구를 해 왔다. 이 연구를 통해 밝혀진 현상들이 다른 동물에게도 적용된다는 것이 알려져서 선충의 가치를 다시 한번 증명해 준다. 이외에도 다양한 신경 작용에 대한 예를 떠올릴 수 있고 아직도 전혀 연구되지 않은 질문들도 많이 남아 있으니, 관심 있는 독자들은 뇌의 연구를 위해 선충을 모델로 사용하는 것을 고려해 보시길 권한다.

예쁜꼬마선충의 생식기 발생과 인간의 암은 같은 유전자를 쓴다
역사의 현장에서 직접 경험하는 것보다 가슴 두근거리는 일은 없을 것이다. 예쁜꼬마선충 연구의 역사상 가장 쫄깃쫄깃한 현장 중 하나는 신호 전달계의 꽃이라 할 수 있는 EGF 신호 전달 체계의 연구라 할 수 있다. EGF는 사람에서도 세포 분열과 분화를 조절하는 중요한 성장 인자여서 요즘 비싼 화장품에 들어가는 성분이기도 하다. 그런데 이 성장 인자의 작용 경로를 낱낱이 밝힌 것이 예쁜꼬마선충의 연구이고, 그 현장을 내가 직접 목격했어서 감회가 새롭다.

예쁜꼬마선충은 잘 알려진 바와 같이 세포 계보가 완성되어 있어서 발생 기전 연구의 좋은 모델이 된다. 그중

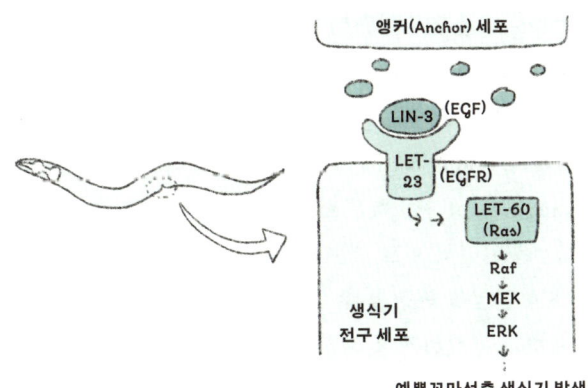

선충의 생식기 발생에 중요한 EGF 신호 전달 체계.
이 유전자들은 진화적으로 잘 보존되어 있다

내가 박사학위를 진행한 캘리포니아공과대학교의 연구실은 폴 스턴버그 교수 연구실로서, 선충의 생식기 발생의 유전학이 주된 연구 분야였다. 내가 그 연구실에 합류한 때가 1990년 초니까 스턴버그 교수가 캘리포니아공과대학교에서 연구실을 시작한 지 3년밖에 되지 않았을 때다. 그러니 당연히 연구하려는 주제는 많고 결과는 별로 없었다고 표현하는 게 적절하겠다. 당시 조교수 3년 차임에도 불구하고 많은 박사과정 학생과 박사후연구원들이 연구를 하고 있었다. 나의 선배인 러설 힐과 라피 아로연이라는 두 박사과정생은 각각 *lin-3*와 *let-23*를 연구하고 있었다. 나와 비슷한 시기에 박사후연구원으로 연구실에 온 민 한 박사는 *let-60*를 연구하였다. 나는 이들에게서 유전학, 분자생물학, 발생학 등 많은 부분에서 도움과 가르침을 받았다.

스턴버그 교수는 MIT 호비츠 교수 연구실에서 박사학위를 취득했는데, 주제가 세포 계보였다. 파나그랠러스(Panagrellus)라는 예쁜꼬마선충과는 다르지만 여전히 꼬마선충이어서 세포 계보를 비교하는 연구를 통해 새로운 생명 현상을 규명할 수 있는 가치 있는 연구였다. 세포의 계보가 온전하게 알려진 유일한 동물이 예쁜꼬마선충이라고 알려져 있지만 사실은 두 번째 세포 계보 완성을 이룬 동물이 스턴버그 교수의 박사논문이었던 것이다. 내 연구실에서 최근에 한국산 선충들을 채집하다가 흥미로운 현상을 발견하였는데 공교롭게도 그 선충이 바로 스턴버그 교수의 박사논문 소재인 파나그랠러스 선충이었으니 참 돌고 도는 세상 인연이지 싶다.

스턴버그 교수가 박사학위를 받을 무렵 캘리포니아공과대학교에서 교수 제안을 받았다. 당시에도 박사후연구원 경력 없이 교수가 되는 경우가 흔한 상황은 아니었는데 대학이 인재를 미리 선점하듯이 교수 자리를 제안한 것으로 보인다. 그런데 스턴버그 박사는 캘리포니아공과대학교로 가지 않고 샌프란시스코로 간다. 거기서 3년간 박사후연구원으로 효모 연구를 하고 『셀』학술지에 논문을 내는 쾌거를 이룬 후 캘리포니아공과대학교에 조교수로 당당하게 부임하게 된다. 그 후 2년 정도 지나 내가 그 연구실에 대학원생으로 합류한 것이다.

스턴버그 교수의 캘리포니아공과대학교에서의 연구는 생식기 발생에 대한 유전학적 연구였다. MIT에서 이미 생식기 발생에 문제가 생기는 많은 돌연변이들을 생산하고 있었고, 독립적 연구실을 만들면서 떠나는 연구원들은 각자의 선호 돌연변이들을 안고 갔다. 호비츠 교수는 모든 연구 소재는 허용하되 세포 사멸만은 본인의 연구실에서만 진행되도록 하였다. 참으로 계획적인 인물이 아닌가.

확인된 것은 아니지만 뒤에 드러나는 사실로 유추해 볼 수 있는 흥미로운 장면이 하나 있다. 스탠포드대학교로 자리를 잡아 떠난 스튜어트 김 교수와 폴 스턴버그 교수는 각자의 돌연변이들을 나누어 가지고 떠나게 되었는데, 스튜어트는 생식기 발생에 특이적으로 형질이 나타나는 돌연변이를 골랐고, 폴은 자의에 의한지는 확실하지 않지만 남은 돌연변이들, 특히 이들은 생식기 발생의 면에서도 형질을 나타낼 뿐 아니라 다른 형질도 보이는 것들이었다. 예를 들면 *let-23*는 'lethal', 즉 치사 형질을 내는 유전자인데 유전자 기능이 조금 남아 있는 변이의 경우 죽지는 않고 생식기 발생에만 문제가 생긴다. 이런 유전자들을 다면 발현의 성질을 가진다고 하는데 분석이 까다로울 수 있었다. 후에 증명된 것은, 스튜어트의 돌연변이 유전자들은 대부분 선충 특이적 유전자였고, 폴의 유전자들은 진화적으로 잘 보존된, 즉 사람에서도 발견이 되는 유전자들이었다.

결과적으로 스튜어트는 최상위 학술지에 논문을 내는 것이 쉽지 않았고, 폴은 『네이처』, 『셀』 등 최상위 학술지에 연속으로 논문을 낼 수 있었다. 진화적으로 잘 보존되어 사람에게도 적용될 수 있다는 것은 엄청난 장점이었다. 연구하기 쉽지 않은 만큼 보상도 컸다. 내 연구도 사람에게 잘 보존된 유전자로 판명됨으로써 나름 좋은 학술지의 표지로 채택되는 등 득을 본 면이 있다. 쉽게 가는 길이 좋은 길만은 아니라는 교훈!

거의 1~2년 사이에 *let-23*가 EGF의 수용체 유전자이고 *lin-3*가 그 수용체에 결합하는 리간드 유전자라는 것이 밝혀졌다. 각각 라피와 러셀이라는 나의 2년 선배들이 밝혔는데, 둘 다 『네이처』 '아티클' 논문으로 실렸다. 유전학적으로 *lin-3*가 *let-23*의 상위에서 작용하는 것은 잘 밝혀졌으나 실제로 분자의 수준에서 *lin-3*가 *let-23*에 직접 결합하여 작동하는 것이라는 결과는 참으로 놀라운 일이었다. 유전학적으로 상위-하위라는 개념은 그 중간에 얼마든지 다른 유전자들도 끼어들어 갈 소지를 남기는 것인데. 생식기 발생의 유전학 연구에서는 얼마나 촘촘하게 그 경로를 채워 넣었던지 직접 결합하는 단백질 유전자들을 찾을 수 있었다. 정통 유전학의 엄청난 개가가 아닐 수 없다. 여기서 놀라움은 끝나지 않았다. *let-23*의 하위에서 작동하는 새로운 유전자인 *let-60*를 클로닝해 보니 라스(ras) 유전자였다. 그것도 사람과 아주 유사한 서열을 가지고 있는!

EGF 수용체와 라스는 아마도 지금까지 알려진 모든 발암 유전자 중에서 가장 빈번하게 발견되고 가장 중요하게 다루어진 두 개다. 선충의 생식기 발생에 관여하는 것으로 찾아진 유전자들이 암 정복의 기초를 닦으리라고는 연구를 시작할 때는 꿈도 꾸지 않았다. 유전학의 매력은, 끝은 있게 마련이나 우리는 그 끝이 어떻게 될지 모른다는 것이다.

LET-60에 얽힌 비화 한 가닥을 풀어 보려 한다. 폴의 지도교수는 로버트 호비츠로서 세포 사멸 연구로 노벨상을 받은 학자다. 폴 연구실에서 *let-60*를 한참 연구하고 있을 때 MIT에서도 약간 다른 유전학적 방법으로 새로운 돌연변이를 찾았는데 공교롭게도 *let-60*의 대립 유전자를 가지고 있는 것이었다. 스승과 제자의 연구실이 경쟁 상태가 된 것이다. 이런 경우는 흔하지 않았다. 특히 선충 연구계는 원조 연구자가 시드니 브레너 경 단 한 사람이어서 많은 연구자들이 서로 친분이 있었고 누가 무슨 연구를 하는지 알고 있어, 굳이 경쟁을 벌이기보다는 새로운 유전자 연구를 하는 것이 확장의 면에서 바람직할 뿐 아니라 마음의 평화를 가지면서 즐겁게 과학을 할 수 있는 길이었고, 실제로 거의 모든 일들이 논문으로 나오기 전에 공유되는 아름다운 전통이 이어지고 있었다. 그런데 *let-60*를 두고 엄청난 경쟁의 상황에 들어갔으니 갑갑한 상황이었다. 그렇다고 누가 양보할 수도 없는 것이 그 연구의 주체가 각각 새로운 자리를 찾아야 하는 박사후연구원들이었기 때문이다.

폴 연구실이 1990년 9월 5일 조금 빨리 더 많은 데이터를 가지고 『셀』에 논문을 투고하였다. 그런데 그 논문의 리뷰 과정이 진행되면서 10월 3일 수정 및 검토 단계에 들어갔고, 그사이 MIT 연구실에서는 『네이처』에 10월 17일 논문을 보내서 11월 8일 게재 승인을 받게 되었다. 결국 『셀』 논문은 1990년 11월 30일, 『네이처』 논문은 12월 6일 자로 세상에 나왔으니 누가 첫 발견자인지가 지금도 명확하지 않다. 팽팽한 긴장이 두 연구실 사이에 한동안 있었던 것으로 기억한다. 가장 이상적인 방법은 두 논문을 한 학술지에 연달아 내는 것인데 왜 그렇게 하지 않았는지 아직도 당사자들에게 물어보지 못했다. 나의 짐작으로는 두 논문을 연달아 보내면 학술지 측에서 한 논문으로 합치라고 할 가능성이 많았고 그러면 둘 중 누군가는 이름이 두 번째로 나와야 하는데, 그건 양측이 다 원하지 않았던 것으로 짐작된다. 아무튼, 거의 단절된 관계는 선충 연구계의 모두가 숨죽여 바라보는 상황이 될 정도였다.

그런데 극적으로 화해를 하게 되는데, 나는 전혀 생각할 수도 없는 방법을 통한 것이었다. 두 사람이 공동으로 하나의 총설 논문을 쓴 것이었다. 실제로 1991년 6월 『네이처』에 두 사람만 참여한 총설 논문이 발표되었다. 2016년에 폴의 60세 기념 심포지엄이 캘리포니아공과대학교에서 열렸는데 나도 참석하여 발표를 했다. 그날 심포지엄의 초청 연사가 MIT의 로버트 호비츠였다! 노벨상 수상자가 그곳까지 날아와서 제자의 60세 생일을 기념하는 강연을 해 주다니 놀라운 감동이었다. 라스 연구로 깨질 뻔했던 스승과 제자의 인연은 현재까지 끈끈히 유지되고 있다.

예쁜꼬마선충, 생각보다 사람과 비슷하다

예쁜꼬마선충은 보기에는 사람과 닮은 구석이 하나도 없다. 닮지 않은 점을 굳이 들지 않아도 직관적으로 알 수 있다. 그런데도 사람과 비슷한 점은 생각보다 많다. 우선 유전자만 보아도 그렇다. 유전자의 수도 비슷하고, 유전자 하나씩을 들여다보아도 절반 이상은 선충에도 있고 사람에게도 있다. 선충은 절반은 사람인 것이다. 유전자의 수준을 넘어 유전자들의 작용 경로, 예를 들어 외부의 자극을 받아 세포들이 판단하고 반응하게 되는 데 핵심적 역할을 하는 신호 전달 체계의 경우 거의 대부분이 진화적으로 보존되어 있다. 다른 부분에서 예를 든 생식기 발생의 핵심 경로인 EGF 신호 전달 체계가 대표적인 예다.

다만 예외적으로 보존되지 않은 신호 전달계도 있다. 이런 경우는 진화적으로 어떻게 달라졌는가를 살펴보는 데 비교 대상으로 좋은 소재가 될 수 있다. 면역 반응을 예로 들어 보면, 선충에서도 선천성 면역은 제대로 갖추고 있는 반면, 적응성 면역은 존재하지 않는다. NF-ĸB라는 아주 중요한 인자가 선충에는 없다. 공통점을 연구해서 얻는 것도 많지만 차이를 이용하여 얻는 통찰도 쏠쏠하다.

유전자, 신호 전달 체계, 신경계 등
다양한 공통점을 가지고 있는 선충과 사람

다시 공통적인 면에 대한 예를 들어 보자. 사람에 대해서 이해하고 싶은데 모델 동물에서 먼저 쉽게 새로운 현상을 찾을 수 있다면 아주 멋진 일이 될 것이다. 나의 박사학위 논문 실험이 그랬다. 우리 연구실은 선충의 생식기 발생 경로의 유전자들을 연구하고 있었고 다른 곳에서 썼듯이 EGF 신호 전달계를 밝혀낸 결정적인 연구 결과들이 생산되고 있었다. 생식기 발생이 잘 되지 않는 돌연변이에 새로운 돌연변이를 만들어 다시 발생이 일어나게 되는 제2의 변이를 찾았고, 살펴보니 생식기 발생뿐 아니라 전반적인 움직임에도 문제가 있다는 것을 알 수 있었다. 이전에 발견되었으나 연구는 거의 되지 않고 있던 *unc-101*이라는 유전자의 변이라는 것을 확인했다. *unc-101*은 움직임이 잘 못된 형질(Unc)을 보이는 유전자 중 101번째로 발견된 유 전자라는 뜻이다. 우리가 찾은 유전자가 *unc-101*이라는 것 은 유전학적으로 그렇다는 것이고 그 유전자가 정확히 어 떤 유전자인지를 밝히는 것이 나의 박사학위 주제였다. 우 여곡절 끝에 이 유전자는 세포 속에서 다른 단백질의 수송 에 관여하는 소낭에서 중간 역할을 하는 단백질 유전자라 는 것을 증명하였다. 유전자 서열을 밝히고 보니 초파리에 도 있고 사람이나 생쥐에도 아주 잘 보존되어 있는 유전자 였다. 그런데 이전에는 이 단백질이 EGF 신호 전달계에서 중요한 역할을 한다는 것이 밝혀진 적이 없었기 때문에 새 로운 지식으로 인정받을 수 있었다. 선충과 사람이 비슷하 다는 점을 유전자 서열뿐 아니라 기능적인 면에서도 증명 하고 싶었던 나는 선충의 돌연변이 개체에 포유류의 *unc-101* 유전자 서열을 주입했다. 그랬더니 돌연변이 형질이 치유됨을 볼 수 있었다. 즉, 선충의 유전자는 망가졌지만 포유류의 유전자가 대신 그 역할을 해낼 수 있었던 것이다. 당시에는 이런 정도의 증명이 상당히 신선한 내용이어서 『유전자와 발생(Genes and Development)』 학술지의 표 지로 채택되는 기쁨도 얻을 수 있었다. 우리가 표지를 요청 한 것이 아닌데 편집진에서 우리의 연구 결과를 표지로 채 택해 준 것이라 더 의미가 있었다. 선충이 곧 사람이라!

『유전자와 발생』 1994년 1월호 표지. *unc-101* 돌연변이의 이상 행동이 포유류 유전자에 의해 복구된다는 내용이다

새로운 기술, 새로운 발견, 그리고 새로운 아이디어

새로운 기술, 새로운 발견, 그리고 새로운 아이디어. 아마도 이 순서대로 과학은 발전한다. 시드니 브레너 경의 말이다. 한때는 아이디어만 있으면 못 할 연구가 없다고 생각한 적도 있었던 것 같다. 그런데 기술의 한계가 아이디어를 떠올리는 데 결정적인 제한 요인이 되는 것을 넘어, 이제는

새로운 기술, 새로운 발견, 새로운 아이디어는 맞물려
과학의 발전을 이끈다

우리가 몰랐던 기술을 보면서 그 기술을 이용하여 새로운 가설 또는 아이디어를 낼 수도 있는 상황으로 바뀌었다. 예쁜꼬마선충이 동물 모델로서 아주 이상적인 것으로 묘사를 하지만 사실은 그렇지 않다고 고백할 수밖에 없는데, 돌연변이를 무작위로 만들어 연구하는 재료로는 최고이지만 우리가 원하는 돌연변이를 특정해서 만들어 낼 수는 없었던 것이 가장 큰 제한 요인이었다.

유전학은 정방향 유전학(정유전학)과 역방향 유전학(역유전학)으로 나눌 수 있는데, 정유전학은 표현 형질을 상정하고 그 표현 형질을 나타내는 돌연변이 개체를 찾아낸 후 어떤 유전자에 문제가 생겼나를 찾아가는 것이라면, 역유전학은 DNA 서열을 먼저 알고 그 서열이 생체 내에서 하는 역할을 찾아가는 방향이다.

역유전학적 방법의 가장 중요한 도구는 원하는 유전자의 기능을 선택적으로 정지시키는 기술이다. 그런데 예쁜꼬마선충에서는 동형 재조합에 의한 유전자 변이 도입 방법이 작동하지 않고 있었다. 효모에서는 아주 능숙하게 쓰이는 방법이고, 심지어 생쥐 배아 줄기세포에서도 이 방법이 가능해지면서 특정 유전자를 결실 또는 치환할 수 있게 됨으로써 생쥐가 유전학적 모델의 한 축이 되었던 것인데, 그 많은 유전학적 장점에도 불구하고 선충은 특정 유전자만 없애는 것이 불가능하였다. 필요가 발명의 어머니라고 하지 않나. 그런 필요에 의해 멜로와 파이어 교수가 RNA 간섭 현상을 발견하게 됐고 비로소 특정 유전자의 기능을 RNA 수준에서 정지시키는 방법이 가능해졌다.

역유전학의 전성기가 다가오고 있었다. 영국의 한 연구실에서 RNA 간섭을 일으킬 수 있는 키트를 각 유전자에 맞추어 2만 개 정도의 대장균에 따로따로 넣어서 RNAi 도서관을 제작하였고 이를 무료로 전 세계에 배포했다. 우리가 원하는 유전자가 있으면 이 도서관에서 책 찾듯 그 대장균을 찾아 꺼낸 후 키워 선충에게 먹이기만 하면 다음 세대에 RNA 간섭 현상을 볼 수 있었다. 참, 여기서 흥미로운 점 하나는 선충의 RNA 간섭 현상은 그 dsRNA를 만드는 대장균을 먹기만 해도 작동했다는 사실이다. 내장 속으로 들어간 dsRNA가 어떤 식으로든 몸 전체에 그리고 생식 세포로까지 넘어가서 영향을 발휘하는 것이니 이 또한 대단한 발견이다.

그런데 한 발 더 나아가 이제는 유전자 가위가 있어 예쁜꼬마선충에서 돌연변이를 무작위로 만드는 일을 하지 않아도 되게 되었다. 지금은 염기 서열을 알고 중국의 회사에 주문한 후 한두 달이면 원하는 돌연변이를 만들어 보내 준다. 돈을 더 내면 한 달 만에 해 준다. 이런 일에 시간 쓰지 않아도 되니 새로운 아이디어 검증도 가능해졌다. 예를 들면 다양한 유전자들을 다양한 배경에서 원하는 만큼 돌연변이를 만들어 관찰할 수 있다. 유전학이 참으로 고된 연구의 과정이었는데 이제는 기술의 도움으로 아이디어가 훨씬 중요해진 시대가 됐다.

유전자 가위의 예쁜꼬마선충 적용 스토리를 조금 더 써 보자. 유전자 가위는 단백질+가이드 RNA로 되어 있는데, (1)단백질 정보와 가이드 RNA 정보를 가지는 DNA, (2)단백질 정보를 가지는 RNA와 가이드 RNA의 혼합, (3)단백질 자체와 가이드 RNA의 혼합 형태로 도입을 해 줄 수 있었다. 유전자 가위 연구 분야의 대가인 김진수 교수가 연락을 해 선충도 유전자 가위 방법을 확립하면 좋지 않겠냐고 제안을 해 주어 우리가 협업에 참여할 수 있었다. 우리는 김진수 교수의 제안대로 유전자 가위의 단백질에 가이드 RNA를 섞어 바로 도입하는 방법을 쓰기로 했다. 아주 빠르게 진행이 되었는데 우리는 X 염색체상의 유전자를 표적으로 하였다. 왜냐하면 수컷에서는 단 한 염색체(X)에만 변이가 생겨도 표현 형질을 확인할 수 있기 때문이었다. 실제로 바로 다음 세대에서 유전자 표적을 확인할 수 있었고 이런 내용을 국제선충학회의 워크샵에서 발표할 수 있었다. 당시 여섯 연구실인가에서 줄줄이 발표를 하였는데, 우리가 유일하게 단백질+RNA을 쓴 경우였고 다른 연구실은 DNA 또는 RNA 상태로 사용했다. 우리의 실험이 가장 효율이 좋았다. 이후 『유전학(Genetics)』이라는 학술지에서 한 편을 뺀 모든 발표 내용을 나란히 게재하였고 우리 연구실에서 낸 것 중 인용이 가장 많이 된 논문이 되었다. 『유전학』에서 빠진 한 편은 『네이처』 자매지에 냈는데 아마도 저자가 다른 생각을 했기 때문이리라.

전자 현미경과 그 해독 방법도 중요한 기술적 진전의 예가 된다. 전자 현미경 자체의 해상도는 1960년대에도 이미 좋았다. 그런데 샘플 준비, 해독 등을 수작업으로 해야 하다 보니 힘들었다. 선충이 아닌 다른 분야에서, 특히 생쥐의 뇌를 연구하는 쪽에서 연쇄 절편을 만드는 자동화 기술을 개발하였고, 인공 지능의 발전은 우리에게 시냅스 표지를 자동화할 수 있는 계기를 제공해 주었다. 기술의 발전이 우리로 하여금 용감한 시도를 할 수 있게 해 준다.

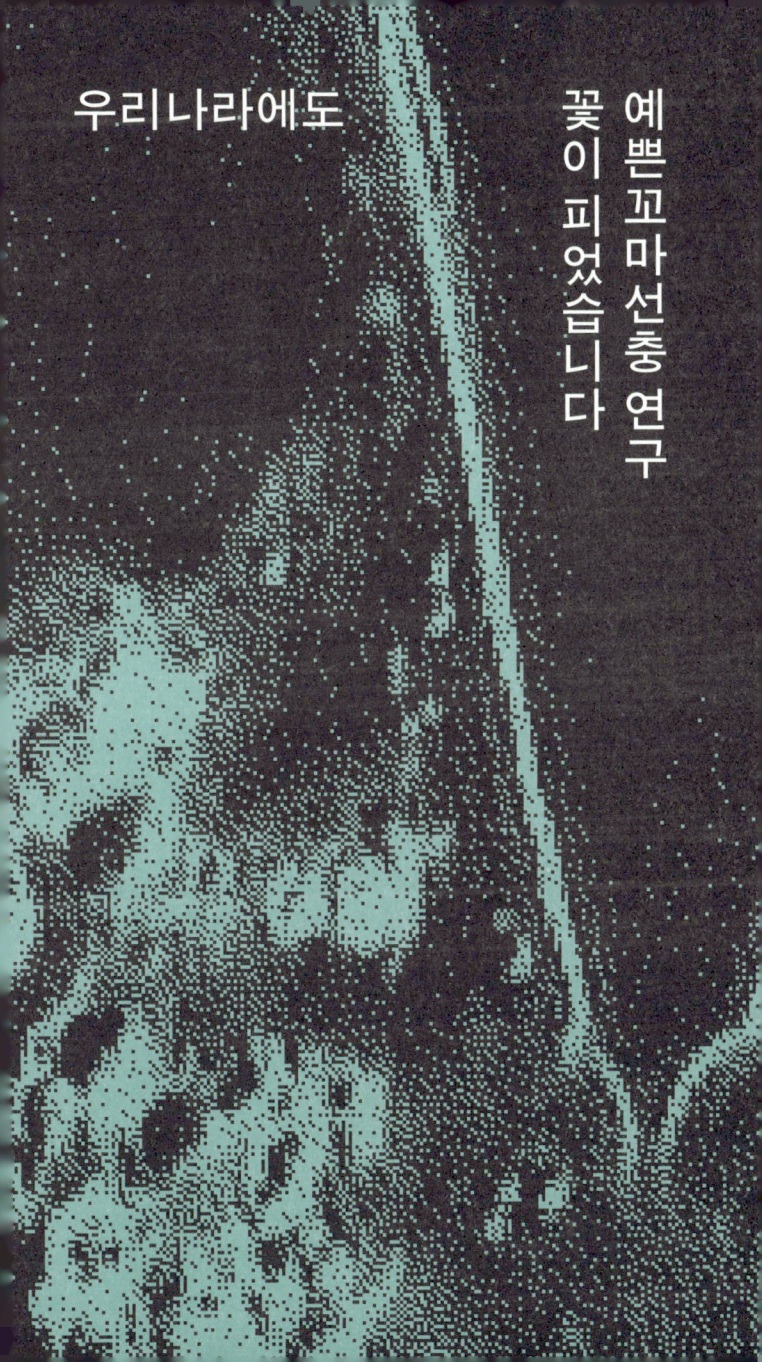

우리나라에도

예쁜꼬마선충 연구 꽃이 피었습니다

우리나라 선충 연구의 시작을 알리다

나는 1995년 귀국하여 그해 9월 연세대학교 생물학과에 실험실을 열고 한국에서의 예쁜꼬마선충 연구를 시작하였다. 같은 해 광주과학기술원에 안주홍 교수가 부임하여 실험실을 열었으니 이 두 실험실이 우리나라 원조 예쁜꼬마선충 연구실이라 할 수 있겠다. 그런데 자생적 예쁜꼬마선충 연구실이 있었다. 연세대학교 생화학과의 구현숙 교수였다. 구현숙 교수 연구실은 원래 DNA 분자를 조절하는 인자들에 대한 연구를 했는데, 그런 인자는 진화적으로 잘 보존되어 있을 것이므로 예쁜꼬마선충에서 유전자를 찾으며 연구를 하게 된 것으로 알고 있다. 실제로 예쁜꼬마선충 연구 결과를 우리나라에서 최초로 낸 곳은 구현숙 교수 연구실이었다. 그리고 내가 부임한 후 생화학과의 백융기 교수님이 예쁜꼬마선충의 매력에 빠지셔서 은퇴하실 때까지 훌륭한 연구를 수행하셨다. 그 무렵 건국대에 심용희 교수님이 연구실을 열고 유전학 연구의 정통성을 이어 나가 나름 탄탄한 커뮤니티가 형성되었다.

2025년 2월 한국 예쁜꼬마선충 모임의 30주년을 기념하기 위해 2024년 노벨상 수상자인 빅터 앰브로스 교수가 온 순간은 감동적이었다. 30주년을 기념하는 학회의 준비를 30년 전 처음으로 한국에서 연구실을 열었던 우리 연구실이 조직하였다는 점에 대해서도 자부심을 느낀다.

우리나라 예쁜꼬마선충의 초기 연구자들은 서로에 대

한 의지의 욕구가 컸는데, 가진 것이 워낙 적어 나누어서 그리고 협력해서 연구하지 않으면 안 된다는 절실함도 있었고, 예쁜꼬마선충 연구 분야의 세계적 특성이기도 했다. 시드니 브레너라는 한 뿌리에서 시작된 예쁜꼬마선충 연구자들은 세포의 계보를 그릴 수 있듯이 연구자의 계보도 그릴 수 있을 정도로 서로를 너무나 잘 알았고, 풀어야 하는 문제가 연구자 수보다 훨씬 많았기에 굳이 경쟁하면서 싸울 이유도 없었다.

    백융기 교수님과의 협력의 역사는 인상적이라 기록으로 남기고 싶다. 백 교수님은 주전공이 생화학으로 1995년 당시 이미 콜레스테롤 생합성 경로 연구에 일가를 이루신 연구자였다. 그런데 연세대학교에서 백 교수님과 대화를 나누다가 예쁜꼬마선충은 대장균만 있으면 쉽게 키울 수 있다고 자랑을 하다가 "참, 그런데 콜레스테롤은 배지에 넣어 주어야 합니다"라고 알려 드린 것이 계기가 되어 예쁜꼬마선충에서 콜레스테롤 합성이 되지 않는 이유, 콜레스테롤 합성을 인위적으로 하게 만드는 실험 등을 하셨고 우리는 공동으로 논문도 내게 되었다. 교수님은 콜레스테롤을 만들 수 있는 예쁜꼬마선충을 콜레강스라는 애칭으로 부르셨다. 그러다가 예쁜꼬마선충이 콜레스테롤이 없는 배지에서는 한두 세대 후에 불임에 빠져 자손을 더 낳지 못하게 된다는 현상도 확인하셨고, 예쁜꼬마선충은 환경이 나쁘면 다우어라는 휴면 유충 상태로 빠지게 되고 그 과정에 관여하는 다양한 유전자들을 유전학적으로 연구하고 있다는 사실도 확인하게 되었다.

그중 한 가지 확실하게 확인한 것은 다우어라는 휴면 유충이 만들어지기 위해서는 페로몬이 필요한데, 그 페로몬의 존재 또는 어떤 구조의 화합물인지가 전혀 밝혀지지 않았다는 사실이었다. 이에 착안하여 백 교수님 연구실은 어마어마한 도박과 같은 연구에 돌입했고, 발효조를 이용하여 대량으로 다우어를 생산하고 그들이 만들어 내는 물질들을 생화학적으로 분리하여 다우어 형성에 관여하는 페로몬을 결국 찾아냈다. 그 결과는 『네이처』에 게재되었으니 우리나라 예쁜꼬마선충 연구 역사뿐 아니라 세계적 연구 역사에서도 한 획을 긋는 결과였다. 백융기 교수님은 그 페로몬을 다우몬으로 명명하였다.

백 교수님의 『네이처』 논문은 대단한 업적이었고, 당시 청와대에서 대통령 초청 축하 오찬도 있었다고 들었다. 그 자리에서 대통령이 앞으로 어떤 연구를 더 하고자 하느냐 묻자, 교수님은 소나무재선충 문제가 심각하니 그 박멸을 위한 살충제를 개발하는 생화학적 연구를 수행하고 싶다고 답했다. 실제로 소나무재선충 연구 과제가 만들어졌고 백 교수님 연구실은 수년간 노력했지만 결과적으로 성공에까지 이르지는 못했다. 살충제 하나만 보아도 신약 개발은 이렇게 힘든 일이다.

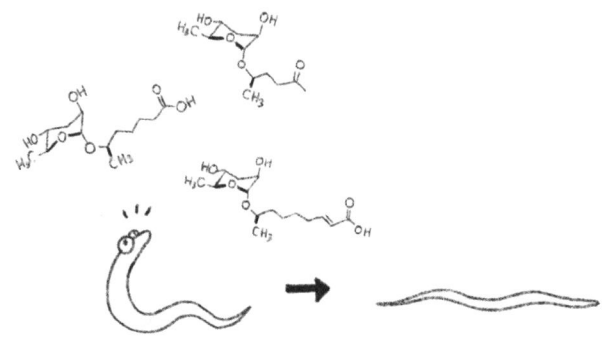

다우어 페로몬의 동정

알코올 작용 기전 연구실의 흥망성쇠

나는 캘리포니아공과대학교에서 박사를 마치고 캘리포니아주립대학교 버클리캠퍼스로 박사후연구원을 가서 신경생물학을 공부하기로 마음을 먹었다. 그런데 박사후연구원 6개월 만에 연세대학교에서 조교수로 채용되는 행운이 찾아왔다. 한국에 돌아와서 나만의 아이디어로 새로운 프로젝트를 하기에는 준비가 안 되어 있었다. 그렇다고 나만의 연구를 할 기회가 주어진 것을 걷어찰 수는 없었다. 다행히 연세대학교에서 6개월간의 연기를 허락해 주었고 나는 최선을 다해 한국에서 할 수 있는 연구를 고민하였다. 그럼에도 귀국 후 여러 해 힘이 들었다. 다행히 박사과정에서 다 풀지 못한 흥미로운 질문을 내가 계속할 수 있도록 허락을 받았고, 박사후연구원으로 내가 계획했던 프로젝트를 자연스럽게 가지고 와서 할 수 있었다. 그럼에도 나만의 연구에 목말랐다.

대학원생의 연구는 졸업과 연결되어 무엇이라도 결과가 나올 일을 해야 한다는 것이 실제로 중요하기 때문에 무턱대고 아무런 성공 확신도 없이 새로운 프로젝트를 시작하기는 참으로 힘들다. 그때 학부생 한 명이 찾아와서 인턴을 하고 싶다고 했고, 꼬마선충으로 뭔가를 해 보고 싶다고 했다. 그 순간이 새로운 프로젝트의 출발선이었음을 한참이 지난 뒤에 알게 되었다.

연구의 출발선은 참 엉뚱한 데 있었다. 내가 대학원생일 때 새롭게 찾아낸 유전자 중 *unc-101*이라는 유전자가 있는데 이 유전자는 신호 전달 물질 수용체의 세포 내 이동에 관여하는 단백질의 유전자였다. 예측에 의하면 세포의 표면에 있는 수용체가 아니라 세포 속 골지체에서 수용체가 이동하는 데 관여할 가능성이 커 보였다. 그런데 어떻게 증명할까 고민하면서 선행 연구들을 찾아보니 골지체만 특이적으로 무력화시키는 약이 있음을 알게 되었다. 브레펠딘 A라는 약인데, 이 약을 처리해서 *unc-101* 돌연변이와 유사한 형질이 나오면 바로 증명 끝! 그렇게 생각했다. 하지만 이 약이 물에 녹지 않아서 알코올에 녹여서 선충에게 투여하는 방식으로 실험을 진행해야 했다. 그렇게 어렵게 브레펠딘 A를 선충에 투여하니 곧 Unc의 형질이 나타나는 것이 아닌가! 유레카를 외쳤다. *unc-101* 브레펠딘 A의 효과가 *unc-101*의 돌연변이와 비슷했던 것이다. 마음이 급해서 대조군 실험은 실험군 다음에 따라왔다. 아뿔싸, 대조군인 알코올만 넣어 주어도 똑같지 않은가. 대조군 실험을 통과하지 못해 그 비싼 브레펠딘 A 시약은 모두 쓸모없어졌고, 실험의 과정과 결과는 아무 데도 기록하지 못했다. 내 머릿속에만 남아 있었다.

그 학부생을 만나고서 이 아픈 기억이 바로 떠올랐다. 알코올만 주어도 선충은 Unc가 된다. 즉, 취한다. 이제 이 형질을 이용해서 꼬마선충에서 새로운 돌연변이만 찾으면 대박을 터트릴 수 있을 것이었다. 실제로 정상적인 꼬마선충은 7퍼센트 에탄올에서 단 한 마리도 10분을 견디지 못했다. 알코올이 휘발하면 슬슬 깨어나서 다시 움직일 수 있게 된 것으로 보아 비가역적 손상을 일으키기보다는 가역적인 현상이라고 확신할 수 있었다. 우리는 수많은 꼬마선충들을 돌연변이 유발 물질에 노출시킨 후 그 자손들 중에서 7퍼센트 에탄올에서 30분이 지나도 유유자적하는 '주당'을 발견할 수 있었다. 실제로 우리는 논문을 발표하면서 이들 유전자의 이름을 *jud*, 즉 judang(주당)의 줄임이라고 명시하였고 친절하게 알코올에 강하다는 뜻이라는 설명도 달았다. 이런 결과들을 인정받아 한국연구재단이 선정하는 국가 지정 연구실에 지정되는 영광을 누릴 수 있었다. 연구실 이름은 '알코올 작용 기전 연구실'이었다. 심

'주당' 선충의 등장. *jud* 유전자에
돌연변이가 발생하면 술에 강해진다

사위원이 컨디션보다 좋은 숙취 해소제를 만들 수 있냐는 질문을 했고, 나는 장기적인 지원이 따르면 해 볼 수 있을 것이라고 작은 목소리로 대답하였다.

    나중에 나는 연세대학교에서 서울대학교로 이직을 하게 되었고, 국가 지정 연구실 사업 주체를 연세대학교에서 서울대학교로 변경하기 위한 절차를 알아보기 위해 한국연구재단에 문의하였더니 종결 보고서를 내라는 답을 받았다. 비수도권에서 서울로 이직하는 경우 큰 연구비는 이전해 주지 않는다는 방침은 알고 있었지만, 서울 내에서 대학을 옮기는 경우엔 전례가 없었던 것 같고, 나의 경우 연구실 사업 종료와 2년간 사업 신청 불가라는 조치까지 당했으니 참으로 황당했다. 연구를 더 잘해 보겠다고 이직을 어렵게 결심했는데 연구비가 없어서 못 하게 되다니. 그래도 어찌어찌 살아서 다시 연구비를 회복하고 늦어졌지만 연구를 지속할 수는 있었디.

그리고 10년이 지나 염기 서열 분석이 값싸지고 대량으로 가능해지는 때가 왔고, 우리는 큰 연구비를 들여 이 돌연변이들의 전체 염기 서열을 분석하여 해당 유전자를 찾아낼 수 있었다. 그런데 그사이에 캘리포니아대학교 샌프란시스코캠퍼스의 한 연구실에게 캘리포니아 와인 회사들이 거액의 연구비를 주고 꼬마선충에서 덜 취하는 돌연변이 연구를 하게 하였고, 그 결과를 우리보다 먼저 세계적 학술지에 발표했다. 우리는 멋진 질문으로 출발했으나 세계 최초라는 공을 차지하지는 못하였다.

히치하이킹의 생물학: 닉테이션 연구를 시작하다

때는 다시 거슬러 올라 1988년. 나는 석사과정 2학년에 올라가면서 꿈이 커졌다. 이왕에 연구를 몸 바쳐서 할 것이면 미국이라는 큰물에 가 보는 것도 좋겠다고 생각했다. 물론 당시 우리나라는 선진국에 비해 연구 여건이 아주 나빴다. 우리 연구실이 그나마 좋은 편이어서 월 수당을 받는 몇 안 되는 곳 중 하나였다. 그럼에도 부족한 연구비는 (아마 다른 연구실에 비해 가장 풍족한 편이었음에도) 대학원생들의 노동으로 채울 수밖에 없었다. 오전에는 초자류와 플라스틱 실험 용품들을 닦고 멸균해서 실험 준비를 하고 오후와 저녁에는 실험을 진행하는 일과가 계속되었다. 일회용으로 나온 플라스틱 튜브나 팁은 너무나 잘 만들어져서 한 번 쓰고 버리기에는 아까워 잘 닦아서 멸균시켜 색이 바랠 때까지 썼다. 제한 효소도 교수님 연구실 안에 있는 냉동고에 들어 있었고 꺼내 쓸 때마다 잘 기록을 해야 했다. 이런 상황에서도 우리나라 연구는 쭉쭉 성장했으니 대단한 일이다. 나는 이 상황에서 최선을 다하기보다는 새로운 세계로의 탈출을 선택한 것이다. 유학을 위해 어떤 준비를 해야 하는지 알아보았다. 영어 시험을 보아야 했고 GRE 시험을 두 가지 보아야 했다. 석사 2학년 1학기 동안 졸업 실험을 진행하면서 밤에는 주경야독하듯이 시험 공부를 해서 각 시험을 2개월 간격으로 치렀고 적당한 성적을 얻어 원서를 보낼 수 있었다. 어떤 학교에 원서를 낼지도 잘 몰라서 앞으로의 배우자가 가고 싶어 한 캘리포니아를 중심으로 원서를 내고 운 좋게 캘리포니아공과대학교에서 입학 허가를 받고 박사과정을 1989년 시작하게 되었다.

캘리포니아공과대학교를 가서 보니 미생물학은 연구하는 교수가 없었다. 단 한 군데, 바이러스 연구실이 있어 로테이션 후 방황하였다. 나는 완전히 새로운 생물학을 하고 싶었던 것 같은데 바이러스라는 단순한 염기 서열을 가진, 생명체인지 아닌지도 모르는 것에 대한 연구를 평생하고 싶지는 않았다. 나는 생물학은 하되, 피를 보기는 싫었다. 대학 진학할 때 의대를 가지 않겠다고 결심한 이유도 내가 잘할 자신이 없었기 때문이다. 캘리포니아공과대학교에서 의무적으로 해야 하는 실험 조교도 힘들었다. 학부생 실험을 위해 미리 조교들이 준비를 해야 하는데 시궁쥐의 뇌 조직으로 하는 실험이었던 것으로 기억한다. 그 준비를 위해 단두대로 시궁쥐들의 머리를 잘라서 모아야 하는데 이들을 기절시키는 데 서툴렀다. 그래서 시궁쥐가 도망가거나 기절하지 않고 비명을 질렀고 그 소리가 지금도 귀에 들리는 듯하다. 1990년의 일이니 35년 전인데…. 그래서, 모델 생물의 총아인 초파리를 하고 싶어서 학과의 엘리엇 마이어로비츠 교수를 찾아갔다. 그런데 그 교수는 애기장대로 연구의 대상을 바꾸어 가는 중이라고 하며, 박사후연구원 한 명이 초파리를 하고 있으니 그 친구에게 초파리를 배울 수는 있을 거라고 했다. 방황의 연속이었다.

그때 시모어 벤저 교수 연구실에서 초파리 연구를 하고 있던 최광욱 선배님의 조언이 정말 큰 몫을 했다. 시모어 벤저는 당시에 이미 70세 정도 되어서 학생을 받지는 않고 박사후연구원들과만 연구를 했다. 그 선배가 나에게 소개한 것이 바로 그 당시에는 처음 듣는 꼬마선충, *C. elegans*였다. 시모어 벤저 교수 바로 옆 연구실이어서 선배는 그 교수를 잘 아는 듯했다. 게다가 조교수가 된 지 2~3년 정도 된 젊은 교수인데 엄청난 잠재력을 가져 배울 것이 많을 거라는 조언도 함께 해 주었다. 나는 예쁜꼬마선충이 대장균을 먹고 산다는 점과 3일에 한 번씩 세대가 돌아온다는 사실만으로도 충분히 매력적이라고 생각했다. 왜냐하면 한국에서 연구비 없이도 아이디어만 있으면 유전학 연구를 할 수 있다는 희망을 볼 수 있었기에.

그런데 첫날부터 힘이 들었다. 3일에 한 번씩 세대가 돌아오니 거의 매일 계대를 해 주어야 했다. 세균을 밥으로 주는 일인데, 3일이면 먹을 것이 없어 굶게 되는 상황에서 그중 한두 마리만 새로운 배지로 옮겨 밥을 주는 일을 반복하는 것이었다. 나머지 수천 마리의 생명들은 어떻게 해야 할지 몰랐다. 미국의 연구실에서 영어도 잘 안되고 간섭은 하지 않는 분위기이다 보니 물어보기도 미안했다. 그래서 그 플레이트들을 버리지는 못하고 실험대 한쪽에 모아 두기 시작했다. 2~3주 내에 내 책상은 굶고 있는 선충들의 아우성이 가득한 수많은 플라스틱 플레이트로 가득 찼다. 아뿔싸, 그것이 끝이 아니었다. 모든 플레이트에 곰팡이가 피기 시작했고 심지어 진드기가 와서 선충들을 잡아먹기도 했다. 진드기는 꼬마선충 연구실에서는 혐오하는 불청객이다. 이제 마음을 정해야 했다. 내가 더 이상 꼬마선충을 키우지 않고 떠나거나, 아니면 과감히 오래된 플레이트들을 버리거나. 어쩔 수 없이 후자를 택하게 되었고, 그 길로 지금까지 꼬마선충을 수도 없이 죽인 장본인이 되고 말았다. 그때 곰팡이가 가득한 플레이트들에서 일어서서 아우성치는 수많은 선충들을 보았으나 당시에는 전혀 몰랐다. 15년이 지난 후 내가 한국에서 그 행동을 연구하게 될 줄은.

2004년 연세대학교에 재직 중 콜로라도대학교에 연구년을 가게 되었다. 박사과정 동안 나를 가르쳐 주고 같이 의논한 중국 북경대학교 출신 민 한 박사가 그 대학 교수로 있었고, 본격적으로 연구를 직접 해 보고 싶었다. 귀국 후 강의와 연구 계획서 연구 보고서 등에 치어서 직접 실험은 하지 못하고 대학원생들과의 토의만 주로 하던 터라 실험에 대한 열망이 남아 있었다. 박사후연구원을 너무 짧게 해서 그럴 수도 있다. 아무튼, 연구년을 가서는 학생들과는 스카이프로 연구 토의를 이어 가고 나는 이른 아침에 출근하여 아들이 하교하는 시간에 귀가하는 일정을 소화하였다.

미국을 가기 전에 어떤 새로운 연구를 해 볼까 고민이 많았다. 지난 경험상 경쟁에 걸리면 한국에서의 연구는 승산이 낮았다. 아주 빠르게 연구를 진행할 여건이 아니었기 때문이다. 나는 꼬마선충이 발생과 신경계에 대한 최선의 모델이라는 믿음을 가지고 있었기에 신경계와 관련된 새로운 형질을 찾아서 유전학, 즉 돌연변이를 찾는 연구부터 시작하면 승산이 있을 것으로 생각하였다. 다양한 논문과 책들을 뒤지다가 내가 처음으로 꼬마선충을 키우던 시절의 경험과 맞닿는 흥미로운 데자뷔를 느꼈다. 곰팡이 균사 위에서 절규하는 수많은 선충들은 실은 '닉테이션'이라는 흥미로운 행동을 하고 있는 것이었다. 이 행동은 1970년대 이미 보고된 바 있는 행동이지만 아무도 연구를 하고 있지 않았다. 심지어 연구 방법이 개발되어 있지 않아 밝혀진 것이 없다고 쓰여 있었다.

이런 연구를 해야 경쟁력이 있다고 생각하고 모든 학회 발표 초록들을 뒤져 보았다. 수년 전에 MIT에서 나온 초록이 있었다. 그런데 그 초록의 주인공은 이후 다른 연구(마이크로RNA)로 옮겨 갔고 이 연구는 하지 않고 있음을 알게 되었다. MIT 연구실은 노벨상 수상자의 연구실이라 거기서 이 행동 연구를 하고 있었다면 나는 포기했을 것이다. 그런데 거꾸로 노벨상 수상자 연구실에서 시도를 했다가 포기를 했으니! 아무도 시도하지 않을 것이라고 나는 생각을 하게 되었고 이 일을 해야겠다고 결심했다. 문제는 누가 이 연구를 맡아서 할 것인가였다. 다른 연구에 몰두하고 있는 대학원생에게 이 일이 얼마나 흥미로울 수 있는지 이야기하는 것은 소용없는 일이었다. 졸업과 무관한 연구가 되고 말 것이라는 우려가 팽배했다. 그래서 내가 직접 실험을 해서 시작점이라도 명확히 하면 누군가 관심을 가지고 따라와 줄 것으로 기대했다. 그렇게 하여 콜로라도대학교에서 닉테이션 연구를 시작하게 되었다.

닉테이션 연구를 하기 위해서는 우선 분석의 방법을 찾아야 했다. 내 연구실의 연구원들이 고생하여 시내 직물시장도 뒤지고 했지만 답은 가까이에 있었다. 바로 의료용 거즈가 수분을 머금으면 현미경으로 볼 때 곰팡이 균사와

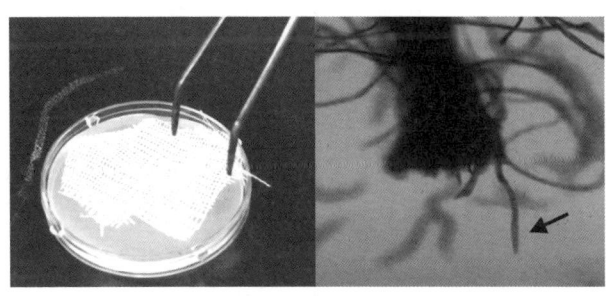

닉테이션 유도 환경. 예쁜꼬마선충 다우어가 많은 배지에
의료용 거즈를 제공하면 닉테이션하는 선충을 관찰할 수 있다

거의 흡사했던 것이다. 꼬마선충들도 바로 알아보고 닉테이션을 하였다. 이제 정체도 모르는 곰팡이가 자라기를 기다리지 않아도 반복적으로 닉테이션을 관찰할 수 있었다. 미국으로 가는 나의 짐에는 한국산 의료용 거즈가 들어 있었고 이것이 가장 중요한 실험 재료가 되었다.

예쁜꼬마선충의 최대 강점은 유전학 연구를 하기에 최적이라는 점이다. 즉, 흥미로운 표현 형질만 정의할 수 있으면 돌연변이를 찾고 그 돌연변이가 일어난 유전자 염기 서열을 찾아내면 되는 것이다. 그래서 닉테이션 행동을 잘 보면 어떤 돌연변이를 찾으면 될지 알 수 있을 것이었다. 이미 잘 알려져 있었는데 꼬마선충이라도 다 닉테이션을 하는 것은 아니었다. 특정한 발생 단계인 다우어(휴면 유충)에서만 이 행동이 이루어졌다. 어른이 되면 이 행동은 전혀 하지 않는 것이다. 이것이 바로 우리가 원하는 지점이었다. 어른인데도 닉테이션을 잘하는 돌연변이 개체를 찾자! 그러면 이 돌연변이를 가지고 있는 유전자를 찾을 수 있고 이 유전자를 잘 연구하면 이 행동의 유전학적 분석이 되는 것이다. 그래서 수많은 선충들을 돌연변이 유발 물질에 노출시킨 후 다음 세대에서 어른이면서 닉테이션하는 개체를 찾았다. 아마도 수억 마리의 선충을 관찰했을 것이다. 후보들을 고를 수 있었고 그중 하나는 세대를 넘어 자손들도 어른이 되면 닉테이션을 잘하는 것으로 보였다. 즉, 유전이 되는 표현 형질을 가진 돌연변이주를 확보한 것이다. 내가 귀국할 때 내 집에는 이 돌연변이 선충들이 들어 있었다.

두 번째로 직접 닉테이션 조절 유전자를 찾기 위한 지름길과 같은 실험을 시도하였다. 당시에 이미 꼬마선충의 유전자 염기 서열이 밝혀져 있었고, 후에 노벨상을 받은 RNA 간섭 현상이 당시에 아주 뜨거운 연구 방법으로 떠올라 있었다. 유전자 기능을 억제하는 방법으로 돌연변이를 만들 수도 있지만 그건 긴 여정이고, 거꾸로 유전자 염기 서열을 알면 그 유전자의 기능을 RNA 간섭 현상으로 저해한 후 우리가 원하는 표현 형질을 내는가 보는 방법이 지름길이었다. 나는 뉴런에서 발현한다고 알려진 모든 유전자들을 찾아서 하나씩 RNA 간섭을 해 보기로 했다. 4개월 정도 자나 깨나 실험을 진행해서 한두 개의 후보를 확보할 수

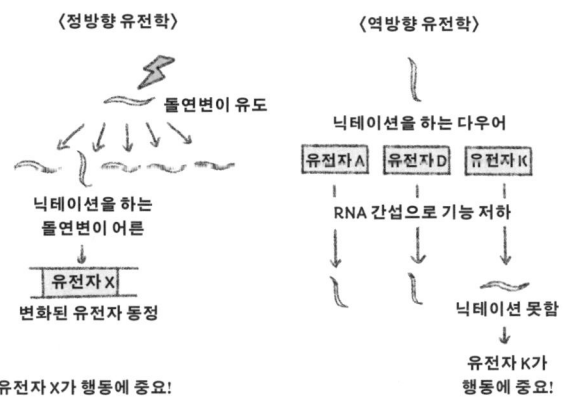

닉테이션 원리 규명을 위한 다양한 유전학적 방법

있었다. 이 또한 귀국 짐에 들어 있었다.

콜로라도대학교에서 연구년으로 행복한 시간을 보내고 있는 중에 서울대학교로 이직할 기회가 생겼다. 그래서 1년 예정이었던 연구년을 중간에 중단하고 귀국하게 되었다. 귀국 후에는 서울대학교로 출근했다. 다행히 신촌 연구실의 모든 학생과 연구원들이 관악으로 이사를 함께 하였다. 그들의 힘이 없었다면 아무 일도 할 수 없었을 것이다. 그리고 콜로라도대학교에서의 나의 예비 실험 결과는 석사과정 신입생을 설득하기에 충분하였다. 나의 예비 연구 결과들이 나중에 특별한 연구 업적으로 연결되지는 못했지만 최소한 대학원생들의 공포를 걷어 내는 역할은 충분히 했으니 나의 연구 실력은 문제였다 하더라도 성의만은 세계 수준이었다고 자부한다.

닉테이션 연구를 본격적으로 시작하기 위해서는 연구비가 필요했다. 나는 뇌 기능을 연구하는 뇌프론티어사업단에 연구비를 신청하였다. 예쁜꼬마선충에 뇌가 있냐고? 뇌는 없다. 하지만 뇌 기능을 하는 원초적인 조직은 있어서 오히려 뇌 기능 연구를 극단적으로 단순화하는 좋은 모델이 될 수 있다고 믿었다. 나의 연구 프로젝트 제목은 '생존 본능 행동 조절 유전자의 탐색' 정도였다. 심사위원 중 한 분은 닉테이션 행동이 어떻게 생존 본능으로 과장될 수 있냐고 따지셨지만 다른 위원들은 이 행동 자체를 조절하는 신경 회로 그리고 유전자를 찾을 수 있다면 아주 새롭고 흥미로운 연구 결과가 될 것이라고 격려해 주었다. 3년간 연구비를 지원받았으나 논문을 한 편도 내지 못해 결국 추가적인 지원 대상에서는 제외되었다. 그 후 5년 정도 연구를 겨우겨우 진행하여 『네이처 신경과학』에 논문을 낼 수 있었고 그 논문의 사사는 위의 뇌프론티어사업단에 대한 단독 사사였다. 다른 연구비를 받지 못했기 때문이기도 하다.

닉테이션, 종의 확산 기전, 세계적 학술지에 게재하다

닉테이션 행동은 양적인 차이를 보이는 형질이어서 OX 문제와 같이 단순화시켜 연구하기가 힘든 형질이었다. 즉, 돌연변이를 찾되 닉테이션을 하지 않아야 하는 개체가 항상 하게 되거나, 닉테이션을 해야 하는 개체가 닉테이션을 전혀 하지 않는 형질을 보여야 돌연변이 동정이 그나마 가능한데 이 형질은 그렇지 않았다. 고민 끝에 우회적인 방법을 쓰기로 했다. 행동이란 근육이 작동하여 몸을 움직이는 것으로 완성되는데 근육을 움직이게 하는 것은 운동 뉴런이다. 운동 뉴런을 거슬러 올라가면 외부 환경을 느끼고 판단해서 운동 신경에 신호를 보내 주는 감각 뉴런과 인터 뉴런이 있을 것이다. 예쁜꼬마선충은 모든 뉴런을 다 합쳐도 302개밖에 되지 않으니 우선 어떤 뉴런이 닉테이션 행동에 관여하는지를 알아내고자 하였다.

각 뉴런의 작용을 정지시켜 놓고 행동을 볼 수 있다면 이상적이겠지만 그런 방법은 아직도 가능하지 않다. 우리는 대신 문제를 단순화하기로 했다. 예쁜꼬마선충도 사람과 마찬가지로 다양한 신경 전달 물질을 만들고 분비하는데, 어떤 뉴런이 어떤 신경 물질을 분비하는지 잘 알고 있었고 그 과정에 관여하는 유전자도 알려져 있었다. 따라서 신경 전달 물질 한 가지씩을 못 만들게 해 보고 닉테이션 행동에 문제가 생기는지를 관찰하기로 했고 정확히 들어맞았다. 다른 신경 전달 물질은 별로 문제를 일으키지 않았는데 아세틸콜린을 만들지 못하는 변이 개체들은 닉테이션을 하지 못하는 것이었다.

아세틸콜린을 만드는 뉴런은 이미 알려져 있었다. 이제 그중에서 어떤 뉴런이 중요한가를 밝히면 되는 것이었다. 아세틸콜린을 못 만드는 돌연변이 개체의 서로 다른 뉴런들에게 아세틸콜린을 만들 수 있도록 해 주었더니 일부 개체들은 닉테이션 행동을 회복하였다. 공통적으로 관여한 뉴런은 딱 한 종류였다. IL2라고 불리는 감각 뉴런이었다. IL2 뉴런을 선택적으로 사멸시키는 실험을 해 보니 닉테이션을 거의 하지 못했다. 다른 뉴런은 다 멀쩡한데도 말이다. 그리고 IL2 뉴런을 외부의 자극이 아니라 광유전학적으로 활성화시키면 그것만으로도 닉테이션을 잘하게 되었다. 우리는 IL2 뉴런의 활성이 닉테이션 행동을 하는 데 필요하고도 충분한 조건이 된다고 결론 내릴 수 있었다.

그러고는 닉테이션 행동을 왜 하는가에 대한 답을 구하기 위해 기발한 실험을 했다. 닉테이션을 하는 선충과 하지 않는 선충을 따로 모아 두고 근처에 대장균이 있는 배지 플레이트를 두면 가고 싶어도 그 대장균 배지로 옮겨 가지 못한다. 여기에 옆 연구실에서 빌려(얻어) 온 초파리를 열 마리씩 넣어 주니 초파리가 여기저기 날아다니는데 의외로 대장균도 좋아하였다. 조금 기다리고 관찰을 해 보니 닉테이션하고 있던 선충은 초파리를 타고 날아가 새로운 대장균 배지에 안착하여 새로운 삶을 시작할 수 있었다. 사실 한 마리만 가도 충분하다. 자웅 동체이므로 3일 정도 지나면 300마리의 자손을 낳을 것이다. 이로써 우리는 닉테이션 행동이 종의 확산 행동임을 선언할 수 있었다.

우리가 발견한 이 멋진 현상이 예쁜꼬마선충에서만

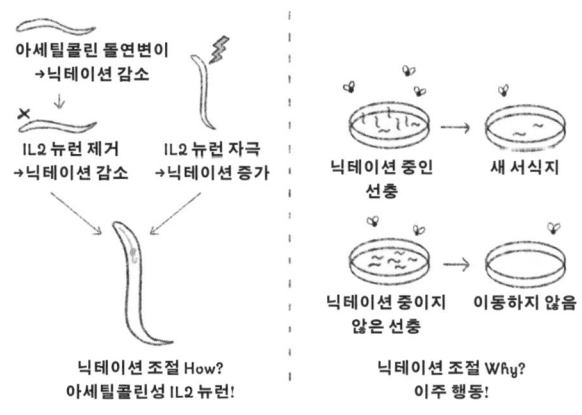

어떻게(How) 그리고 왜(Why) 닉테이션을 하는가?

일어나는 일이라면 다른 사람들이 별로 관심을 가지지 않았을 것이었다. 우리는 열심히 비슷한 연구를 한 경우를 찾았다. 우연치 않게 150년 전의 논문을 찾을 수 있었다. 1882년 4월에 나온 『네이처』 논문이었다. 논문의 제목에는 '종의 확산'이 포함되어 있었다. 우리와 똑같은 주제인 것이다. 저자는 바로 찰스 다윈! 그 논문을 보면 저자의 지인이 실험 재료를 구해서 보내 주었기에 관찰과 연구가 가능했다고 쓰여 있는데 그 지인의 이름은 W. D. 크릭이었다. 크릭이라니… 찾아보니 바로 DNA 이중 나선 구조를 규명하여 노벨상을 수상한 프란시스 크릭의 친할아버지가 아닌가. 이런 우연을 가장한 필연이란.

아무튼, 그 논문의 요지는 여기저기 날아다니는 오리의 물갈퀴에 조개의 유충들이 붙어 있고, 오리를 타고 날아가서 새로운 호수에 정착하게 되면 그 조개종의 확산이 완성된다는 것이었다. 우리가 발견한 초파리를 타고 날아가는 예쁜꼬마선충과 정확히 일치하는 행동이었다. 우리는 거의 똑같은 내용이 이미 1859년 찰스 다윈의 『종의 기원』에도 실려 있음을 알 수 있었고, 우리 논문은 『종의 기원』을 참고 문헌으로 채택하는 쾌거(!)를 달성하였다. 찰스 다윈은 진화에 대한 이론만 낸 것이 아니라 새로운 서식지로 새로운 종의 확산이 어떻게 일어나는지에 대한 정교한 이론도 제공하고 있었다. 종의 기원이라는 책을 자세히 읽어 본 사람은 사실 거의 없는 듯하다. 우리가 그 내용을 찾아내고 인용하니 많은 사람들이 놀랐다.

이보-디보: 하와이 선충이 춤추지 않는 이유

현대 생물학의 본류는 분자생물학적 기법으로 찾아가는 생명의 기전 연구였다. 특히 사람을 이해하기 위한 모델 동물에 대한 연구에서도 진화적으로 잘 보존된, 그래서 사람에서도 그대로 작동할 것으로 예측되는 기전에 대한 연구를 하면 더 좋은 학술지에 게재될 확률도 높아지기 마련이다. 그런데 생명의 본질이란 보편성만 있는 것은 아니다. 생명의 다양성이야말로 가장 경이로운 자연 현상 중 하나라고 하겠다. 이전에는 분류학, 생태학 등으로 불리던 분야의 학문이 이러한 생명 다양성을 연구하는 분야였다. 이제는 분자생물학적 기법의 혁명적 발전으로 새로운 종 다양성 연구의 장이 열리고 있다고 자신한다. 그중 한 분야가 이보-디보이다.

이보-디보란 진화발생생물학을 뜻한다. 동물의 발생 과정이 진화의 과정에서 어떻게 변해 왔는지에 대한 연구라고 이해하면 되겠다. 다양한 발생 과정을 비교할 수 있어야 가능한 연구 분야여서 현대 생물학에서도 그 역사가 가장 짧은 분야이기도 하고 미래에 더욱 활발히 연구될 분야이기도 하다. 꼬마선충은 지구상에서 종의 수가 가장 다양할 뿐 아니라 환경에 따라 존재하지 않는 곳이 없을 정도로 잘 적응하고 있어 진화 과정에서 신규성의 획득에 관여하는 유전 정보를 찾기에 참으로 좋은 모델 동물이라 하겠다.

길은 멀리 있지 않은 것 같다. 진화라는 거창한 현상이 새로운 종의 출현과 같은 거창한 현상을 포함하겠지만 우리가 살아 생전에 볼 수 있는 것은 아니기에 작은 것에서부터 길을 찾아보는 것이 적절하리라. 예쁜꼬마선충의 닉테이션 행동을 통해 진화의 과정을 살짝 엿볼 수 있었으니 나는 행운이었다.

닉테이션 행동은 우리 연구실의 연구 결과에 의해 종의 확산을 위한 히치하이킹용 몸부림이라는 것이 증명되었다. 닉테이션을 하지 않으면 다른 탈것을 이용해서 멀리 이동하는 것을 포기하는 것이라 종의 확산을 위해서는 장착하고 있어야 하는 옵션으로 진화의 과정에서 계속 채택이 되어 왔다고 믿어진다. 그런데 항상 닉테이션이 이로운 점만 제공하지는 않을 수도 있다. 당장 먹이가 없더라도 조금만 기다리면 먹이가 제 발로 찾아온다고 했을 때 굳이 힘들여서 먹이가 있을지도 모르는 미지의 세계로 히치하이킹해서 이동하는 위험을 감수할 필요가 없지 않을까. 실제로 우리는 하와이에서 채집된 선충 품종 중에서 닉테이션을 잘 못하는 품종이 있음을 확인하였다. 반면 우리가 주로 실험에 사용한 품종은 영국의 브리스틀 지역에서 최초로 채집된 대표 품종인 N2이었다. 이 품종이 닉테이션을 곧잘 했기 때문에 우리 연구에 이용할 수 있었던 것이다.

하와이 선충과 영국 선충은 같은 종임에도 닉테이션 행동에 있어서는 차이를 보였으니, 이러한 형질의 차이에 대해 영국 선충을 대조군으로 놓고 생각한다면 하와이 선충은 닉테이션 거부라는 새로운 형질이었다. 그리고 그 차이가 유전자 속에 내포되어 있을 것임을 알기에(교배에 의해 자손이 만들어지고 그들이 다시 자손을 만들 수 있을 때 같은 종이라고 부른다. 이것이 '생물학적 종'의 정의다), 영국 선충과 하와이 선충을 교배시켜 많은 수의 자손을 생산하게 하고 이들 자손들을 닉테이션을 잘하는 그룹과 그렇지 못한 그룹으로 나누어 유전자 서열을 비교·분석하니, 닉테이션을 잘하는 현상과 항상 분리되지 않고 따라다니는 유전자 부위를 찾아낼 수 있었다(이런 방법을 '게

놈 와이드 연관 분석(genome-wide association studies)' 이라고 부른다). 찾고 나서 보니 그 유전자 부위가 특정 단백질의 정보를 담고 있는 부위가 아니라 다른 유전자들의 조절에 관여하는 작은 RNA 정부를 달고 있는 부위였다. piRNA라고 부르는 부위인데 이 RNA는 기존에는 생식 세포에서 유전자 발현에 관여하는 중요한 조절자로 알려져 있었던 것인데 우리 연구를 통해 행동 조절에도 관여한다는 것이 처음 알려지게 되었다.

이 연구의 결론을 요약해 보면, 영국 선충과 하와이 선충은 히치하이킹 행동에 있어서 서로 다른 방향으로 진화했는데 그 기반이 되는 것은 다른 유전자 발현을 조절하는 작은 RNA 유전자 서열의 차이였다. 하와이 선충에 영국 선충의 piRNA 부위를 도입해 주면 이들도 닉테이션을 잘하게 되는 점과, 그때 자손을 만드는 효율이 조금 나빠지는 현상을 동시에 보게 되는데, 이런 트레이드오프 현상 때문에 닉테이션을 잘하는 형질이 그렇지 못한 품종에 비해 압도적으로 존재하지는 못한다고 우리는 해석하였다. 아직도 하와이와 영국의 어떤 환경의 차이가 이런 형질의 차이를 고착화시켜 유전자에까지 각인되었는지는 모른다. 하지만 유전자 부위의 변화가 형질의 변화를 일으킬 수 있고 이러한 변화가 쌓이면 새로운 종으로 발전하여 더 이상 자손을 만들지 못하는 종의 분화도 가능할 것으로 보인다. 실제로, 우리는 하와이 선충의 유전체를 전체적으로 다시 분

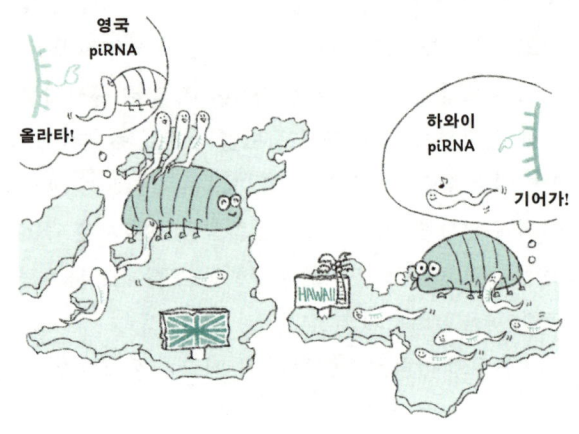

영국과 하와이 선충의 닉테이션 빈도 차이.
piRNA가 이를 조절한다

석하여 영국 선충과 비교해 보았더니, 2만 개 유전자 중 약 30퍼센트 정도에서 현저한 차이를 보였다. 이런 정도의 차이를 견디면서 같은 종으로 있는 것은 대단한 포용력이라고 생각한다. 실제로 하와이 선충과 영국 선충을 교배하면 자손을 잘 만들기는 하지만 그중 상당수는 죽어 나가는 것으로 보아 완전히 하나의 종이라기보다는 새로운 종으로 벗어나고 있는 현장의 스냅숏을 우리가 보고 있는 것이 아닐까 한다.

닉테이션의 자연 변이

닉테이션 능력이 다른 전 세계의 선충들

하와이 선충만 춤추지 않는 것일까?

우리는 이제 세계로 눈을 돌리게 되었다. 전 세계에 예쁜꼬마선충 연구자 수천 명이 열심히 연구를 하고 있고, 자신이 살고 있는 지역에서 예쁜꼬마선충을 채집하여 새로운 품종으로 등록해 유전학 연구의 리소스를 풍부하게 만들어주기도 했다. 지금은 500품종 이상이 쌓였지만 우리가 관심을 가지고 보던 때에는 150여 품종 정도였다. 그들 대부분을 구해 와서 닉테이션 정도를 측정하였더니 영국 선충보다 더 닉테이션을 잘하는 종류부터 하와이 선충보다 더 못해 거의 닉테이션을 하지 않는 품종에 이르기까지 정말 다양한 분포를 보였다.

이런 형질 분포는 마치 사람의 키를 재 보면 작은 키에서부터 큰 키에 이르기까지 다양한 분포를 보이는 것과 흡사하였다. 사람의 키를 결정하는 유전자가 한두 개가 아니어서 이런 분포를 보이는 것으로 이해할 수 있는데, 예쁜꼬마선충의 닉테이션도 그런 것일 수 있다. 그럼에도 특별히 중요한 유전자가 존재할 수 있다. 만약 그렇다면 이 경우에도 닉테이션을 잘하는 형질과 항상 (또는 밀접하게) 연관되어 있는 유전자 서열을 찾을 수 있을 것이고 그 서열을 중심으로 원인 유전자도 찾을 수 있을 것이었다. 실제로 우리는 하나의 유전자를 발견하였다. 흥미롭게도, 이 유전자에서의 차이점은 단백질 수준에서가 아니라 어느 세포에서 발현되는가를 결정하는 프로모터 부위 서열의 차이였다. 즉, 유전자가 가지고 있는 단백질 정보가 아니라 유전자 발현 정보의 변화가 진화적 차이를 내는 것이라는 증거가 된다. 새로운 형질을 만들기 위해서는 새로운 무엇인가가 유전자에서 일어나야 하는데, 그것이 단백질을 이루는 아미노산의 수준일 수도 있지만 유전자 자체의 발현 시간과 공간을 바꾸는 것으로도 가능하다는 의미다.

닉테이션을 가능하게 하는 뉴런은 어떻게 만들어졌을까?
앞에서 우리는 한 쌍의 뉴런이 닉테이션을 하는 데 중요하다는 사실을 알 수 있었다. 그 뉴런은 IL2라는 뉴런으로, 입술의 안쪽(Inner-Labial)에 있는 두 번째 뉴런이라는 의미다. 이 뉴런은 생김새 등으로 봐서는 자매 세포에 해당하는 IL1 뉴런과 차이를 알기 힘들 정도로 비슷하다. 두 종류 다 섬모를 만드는 뉴런인데다 심지어 세포의 계보상으로도 상당히 비슷한 경로로 만들어지는 뉴런들인데, 한 종류는 닉테이션에 중요하고 다른 종류는 그렇지 않았다는 사실 자체만으로도 경이로운 발견이었다.

이제 해야 할 질문은 IL2 뉴런은 어떤 특별한 점을 가지고 있기에 다른 뉴런은 할 수 없는 기능, 즉 닉테이션을 시작하게 하는가였다. IL2 뉴런의 진화적 신규성 획득의 문제라고 하겠다. 우리는 IL1 뉴런에는 빨간색 형광을 내는 표지 단백질을 발현시키고 IL2 뉴런에는 초록 형광을 내는 표지 단백질을 발현시켰다. 그러고는 이들 선충들에 돌연변이를 잘 일으키는 물질을 처리하고 수천만 마리의 선충들을 관찰한 결과 빨간색 형광은 잘 보이는데 초록색 형광은 보이지 않는 돌연변이 개체를 두 마리 발견하였다. 내가 스웨덴에 연구년을 가서 1년을 지내면서 계속 실패하다가 크리스마스 연휴에 마지막으로 한 번만 더 해 본 실험에서 이들 돌연변이를 찾아 크리스마스 선물인가 싶었다. 이들 돌연변이 개체들은 다우어 상태였고, 좀체 깨어나지 않아서 연구년을 끝내고 한국으로 돌아올 때 다우어 상태 그대로 가져올 수밖에 없었다. 그런데 어느 날 보니 다우어에서 깨어나서 어른이 되고 자손을 낳았고 그 자손들도 똑같은 형질을 보였다. 말 그대로 대를 이어 유전되는 돌연변이를 찾아낸 것이다.

그런데 왜 하필이면 스웨덴에서 그 실험을 했냐고 묻는다면? 연구년이란 대학에서 6년을 강의와 연구에 몰입하면 1년간 새로운 시도를 할 수 있게 해 주는 재충전의 기회와 같은 것인데 나는 그 기회를 스웨덴 카롤린스카의과대학에서 보내게 되었다. 이유는 간단하였다. 하고 싶은 실험을 쉽게 할 수 있는 첨단 장비를 갖추고 있는 실험실이 카롤린스카에 있었고 연구년 가능성을 타진하는 메일을 보냈더니 하루도 되지 않아 "해 봅시다"라고 회신해 준 피터 스워보다 교수가 있었기 때문이다. 어떤 장비인가 하면, 1초에 100마리 정도의 선충을 살아 있는 채로 튜브에 흘려 보내는 동안 우리가 원하는 형광을 가지고 있는 개체만 골라낼 수 있는 장비였다. 사실 원리는 단순한데 그걸 구현한 기기가 존재한다는 것은 기적과 같이 느껴졌다. 하루 실험을 하면 100만 마리 정도를 스크리닝할 수 있었다. 그러니까 열 번 정도 실험하면 1,000만 마리를 검사하는 것이 된다. 물론 스크린 이후의 연구가 고난의 길이지만 첫 번째 과정을 거치지 않으면 그 고난의 길은 시작도 못 하는 것이다.

아무튼, 두 마리의 이상한 형광을 내는 다우어를 가지고 한국으로 돌아왔고, 대학원생 한 명이 관심을 가지고 이 선충들을 분석하였다. 오랜 시간이 걸렸지만 결국은 해내고 말았다. 그런데 참으로 공교롭게도, 어떤 유전자에서 일

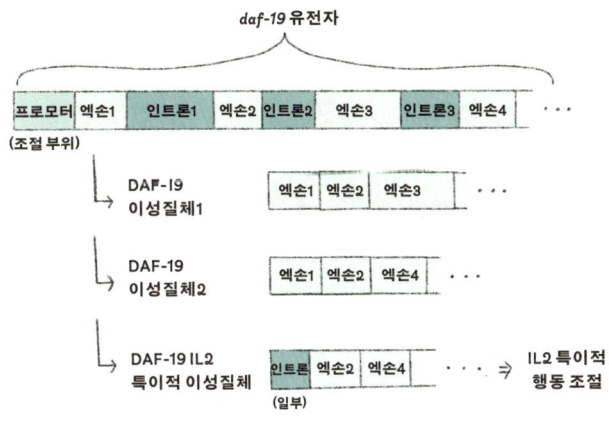

daf-19 유전자가 생성하는 다양한 이성질체

어난 돌연변이인가를 조사했더니 *daf-19*이라는 유명한 유전자였다. 게다가, 정말 공교로운 것은, 이 유전자는 피터 스워보다 교수가 박사후연구원일 때 처음 발견해서 보고했고 본인 연구실 이외에는 연구하는 곳이 전 세계에 없었다. 그런 유전자의 새로운 돌연변이를 내가 연구년 동안 전혀 예상하지 못하는 형질을 기반으로 찾아냈으니 당황스러울 수 있는 수준이었다. 다행히 염기 서열까지 분석해서 보니 새로운 변이임이 확실했고, 스웨덴 연구실의 냉동실에 보관되어 있던 피터 교수의 기존 돌연변이는 아니었다.

그런데 더 어려운 문제가 생겼다. *daf-19*이라는 유전자의 실체 때문이었다. *daf-19*은 앞서 잠깐 소개했던 섬모와 관련된 유전자인데, 선충에서 모든 섬모를 만드는 데 가장 핵심적인 역할을 하는 조절유전자로 잘 알려져 있다. 그런데 이 유전자에 문제가 생겼는데 IL1은 문제가 없고 IL2만 문제가 생겼다면 이상하지 않은가. 이 현상의 비밀을 정말 세심한 조사 끝에 밝혀냈다. 점점 어려운 이야기를 하게 되어 미안하지만 진화적으로 새로운 형질이 만들어지는 과정이 아주 쉬운 것은 아니기에 이해해 주실 것으로 믿는다.

일반적으로 유전자의 염기 서열 구조는 단백질의 정보를 가지는 부분과 그 유전자를 발현시키는 조절 부분으로 나눌 수 있다. 단백질을 가지는 부분에는 실제로 아미노산 정보를 가지는 부분과 겉보기에 아무 쓸모 없어 보이는 부분이 순서대로 나열되어 있는데 이들을 엑손과 인트론이라고 부른다. 유전자를 그림으로 표시해 보면 P(조절부위)-exon1-intron1-exon2-intron2… 이런 식으로 되어 있다. 인트론이 쓸모없어 보이는 이유는 아미노산 정보를 가지지 않을 뿐 아니라 RNA가 핵에서 만들어져 세포질로 빠져나올 때 제거되는 부위이기 때문이다. 여기에서 묘수들이 쓰인다. 즉, 인트론을 일률적으로 버리는 것이 아니라 어떤 경우엔 엑손이나 프로모터처럼 사용하는 것이다. 유전자 하나가 하나의 단백질을 만들도록 암호화되어 있다면 얼마나 비효율적이었을까 생각해 볼 수 있겠다. 하나의 유전자에서 만들어지는 단백질의 아미노산 정보가 조금씩 다를 수 있고 그 발현도 시간과 장소에 따라 조금씩 다르게 활용할 수 있으니 인트론을 더 이상 쓸모없는 부위라고 부르면 안 된다.

우리가 발견한 것은 IL2 뉴런에서만 발현되는 특별한 DAF-19 단백질이 있다는 것이고, 그 단백질의 대부분 아미노산 서열은 기존의 단백질과 똑같지만 가장 앞쪽 몇 개의 새로운 아미노산이 추가되도록 인트론을 활용하는 이성질체였던 것이다. 이 이성질체 단백질은 IL2에서만 발현되고, 만약 발현되지 않으면 IL2는 더 이상 IL2의 특성을 가지지 않게 됨을 발견하였다. 즉, IL2 뉴런이 다른 섬모성 뉴런과 다른 점은 DAF-19 단백질 중 특이한 형태의 이성질체를 발현하기 때문이고 그 결과 닉테이션이라는 특별한 행동을 할 수 있게 된 것이다. 진화에서의 신규성은 새로운 유전자를 통째로 새롭게 만들어 내지 않더라도, 기존에 있는 유전자를 조금씩 변형해 용도에 맞게 쓸 수만 있다면 생겨날 수 있음을 이 멋진 사례가 보여 주었다.

비교 커넥톰 연구를 시작하다

하나를 알면 모르는 것이 열 개는 생긴다는 것이 생물학의 또 다른 매력이다. 닉테이션 연구를 8년쯤 하고 논문을 발표할 정도로 연구 결과가 쌓이니 모르는 것이 더 많이 쌓였다. 그중 제일의 질문은 '왜, 어떻게 다우어만 닉테이션을 하는가'였다. 이 질문에 답을 할 수 있다면 발생의 과정에서 신경계 발생의 유연성 기전을 밝힐 수 있을 것이라 참으로 흥미롭다. 닉테이션이 사람의 어떤 행동과 비슷하냐는 질문에 나는 히치하이킹하기 위해 엄지손가락을 세우는 행동이라고 말은 하지만, 실제로는 닉테이션 행동 자체가 아니라 이 행동을 조절하는 신경 회로의 발생과 그 유연성의 기전이 사람에게도 적용될 수 있을 것이라고 믿는 쪽이다.

다우어는 닉테이션 행동의 관점에서 어떤 면이 특별할까? 아마도 유전자들이 다르게 발현하고 있을 가능성과, 그에 동반하여 결과적으로 신경 회로 자체가 변형되어 있을 가능성을 들 수 있겠다. 유전자들의 차별적 발현, 신호 전달계의 차별적 작동 등도 중요한 역할이 있음을 우리 연구에서 일부 밝혔지만, 나는 하드웨어적인 관점에서 신경 회로의 전반적인 변화가 다우어에서 일어난다면 그 변화가 어른이 되었을 때 가역적으로 되돌아와야 할 것이라 생각해, 신경 회로 전체를 살펴보자는 욕심을 내게 되었다.

예쁜꼬마선충은 약 300개의 뉴런을 가지고 있고 그 뉴런들은 머리 쪽의 신경절에서 뇌와 같은 회로를 구성하여 의사 결정과 학습 등 뇌 기능을 수행한다. 그 뇌의 모든 연결을 1980년대 엄청난 노력을 통해 구현해 냈다. 50나노미터 두께의 절편을 잘라서 전자 현미경으로 찍고 그 부분들을 다 연결해서 어느 뉴런이 누구와 연결되어 있는지 밝혔다. 10년이 걸린 대작업이라고 알려져 있다. 그러고는 수십 년 동안 이런 연구는 진행되지 않았는데, 기술의 발전으로 다시 관심을 가지기 시작했고 나도 다우어의 뇌를 들

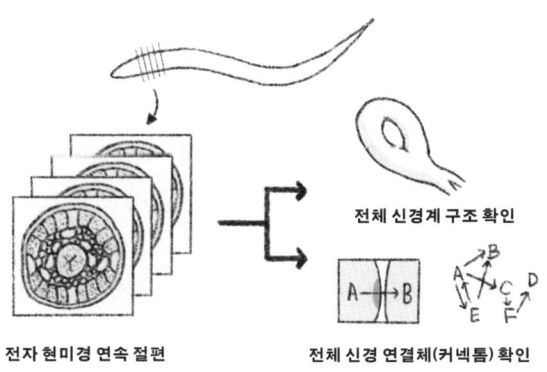

예쁜꼬마선충 커넥톰 완성의 파이프라인

여다보고 싶었다.

    삼성기초과학육성재단은 기초과학에 대한 지원 철학을 가진 민간 연구 지원 기관이다. 나는 재수 끝에 이 재단의 연구비를 받을 수 있었고 제목에는 '비교 커넥톰 연구'가 포함되었다. 이 연구 계획서를 제출할 당시에는 연구를 해야겠다는 의지만 담겨 있었고 아무런 예비 결과도 없었다. 닉테이션 행동은 발생 특이적 행동이라 프로그램되어 있고, 그 프로그램은 신경 회로로 구현되고 있을 것이니 신경 회로 전체를 규명하겠다는 원대한 의지만 있었다. 전자 현미경도 없었고 심지어 꼬마선충을 고정해서 절편으로 만드는 기계나 기술도 없었다. 전자 현미경 사진을 보고 어떤 것이 어떤 뉴런인지 알지 못했고, 어디가 시냅스인지도 당연히 알지 못했다. 질문만 있고 방법이나 결과는 아무것도 없었다. 그럼에도 믿어 주신 심사위원들께 감사한 마음이 크다. 그래서 지금도 커넥톰 연구를 하고 있으니까. 다시 10년이 지나고 이제는 전자 현미경 사진도 있고, 사진을 보면 누가 누군지도 알아볼 수 있고, AI의 도움도 있으니 상전벽해다. 물론 내가 직접 할 수 있는 것은 아무것도 없다. 내 연구원들이 뛰어나기에 가능한 일이다.

연구 계획서를 현실화하기 위해 공부하고 고민하면서 세바스찬 승 교수의 커넥톰 책을 접할 수 있었고, 승 교수를 서울에서 만날 수 있었다. 어느 커피숍에서 만나 나는 꼬마선충 커넥톰 연구를 하려 한다고 호기롭게 이야기했고 승 교수는 데이터를 조금 보자고 하셨다. 나는 질문과 의지만 있고 데이터는 하나도 없었다, 당연히. 승 교수는 다음에 데이터를 만들면 그때 같이 의논하는 것이 좋겠다고 조언을 해 주었다. 나는 이후에 데이터를 가질 수 있었고 승 교수의 제자들과 협업을 하는 행운을 누리게 되었다.

처음 커넥톰 연구를 시작할 때 우리는 겁이 없었다. 사실은 무엇이 힘들지 몰랐다. 아이디어만 아주 흐릿하게 가지고 있었고 가지고 있는 기술이나 인력은 전혀 없었다. 하지만 하나씩 풀어 나가기로 했다. 연쇄 절편을 만드는 기계와 전자 현미경을 몇 년간의 노력 끝에 국고로 장만할 수 있었다. 이들 장비는 알베르트아인슈타인의과대학의 데

이비드 홀 교수님의 추천을 받아 그 연구실에서 쓰고 있는 장비의 업그레이드 버전으로 장만하였다. 장비발로는 우리가 한 수 위였다. 문제는 사람이었다. 샘플 준비는 어떻게든 해 보겠는데 가장 중요한 걸림돌은 연쇄 절편된 조직들을 수백 장씩 어떻게 잘 나열할 것인지였다. 자동화 기기가 있다면 모르겠는데 우리 손에서는 전혀 감도 잡히지 않았다. 운 좋게 홀 교수님이 다시 구세주로 등장하셨다. 그 연구실에 베트남 출신 연구원이 있었는데 세계에서 가장 연쇄 절편을 잘 만들었다. 이 연구원이 우리 샘플의 절편을 만들고 전자 현미경을 찍어 주었다. 그 자료를 받아서 서울에서 분석을 시작할 수 있었다.

수백 장의 이미지에 있는 뉴런들의 단면을 이어 붙이는 작업은 만만치 않았다. 우선은 아무것도 없었으니 서울대학교 생명과학부 홈페이지에 공지를 해서 아르바이트 학부생을 모집했다. 전자 현미경 사진을 띄워 두고 세포들을 구별하면서 하나씩 색을 칠하는 작업이었다. 1,000시간을 썼다. 그렇게 약 180장 정도의 전자 현미경 사진에 색을 칠할 수 있었다. 이 일을 이끌어 온 대학원생은 모든 자료를 다시 점검하고 확인하는 등 꼼꼼히 자료의 분석 틀을 쌓았다. 이제는 기계 학습과 인공 지능의 도움으로 자동화된 방식으로 색을 칠할 수 있는 수준에 도달했으니 대단한 발전이 아닐 수 없다. 그럼에도 전문적인 눈을 가진 연구자가 최종적으로 확인하고 수정하는 일을 하지 않으면 엉터리 분석이 되기 십상인 것이 아직까지의 현실이기도 하다. 또 하나 중요한 작업은 각 뉴런들이 만나는 경계면에서 어디가 시냅스인지 확인하는 일이었다. 과거에는 수작업으로 시냅스를 구별하는 일을 전문가 3인이 수행하고 이들이 공통적으로 시냅스라고 부르는 부위를 시냅스로 정의하였는데 우리는 기계 학습을 통한 예측과 전문가의 확인·수정 과정을 반복하여 아주 정교한 시냅스 지도를 만들 수 있었다.

우리가 이 일을 하고 있을 때 소문이 들려왔다. 캐나다의 한 연구실이 모든 발생 단계의 커넥톰을 만들어 왔는데 이제는 다우어에 대한 커넥톰도 진행하고 있는 것 같다는 소식이었다. 긴장의 순간이었다. 마침 그 무렵 비엔나에서 국제 학회가 열릴 예정이라 캐나다의 연구실 교수에게 연락을 했다. 만나서 의논 후 건설적인 방향으로 진행하는 것에 동의했고, 이후 비엔나에서 토의할 수 있었다. 우리 학생 한 명이 멀리서 그 모습을 사진으로 남겨서 지금도 그때를 생각하면 가슴이 두근거린다. 아무튼 뚜껑을 열고 보니 우리가 조금 더 앞서 있었다. 그래서 우리가 6개월 정도 기다려 줄 수 있으니 가능하면 연속으로 게재하자는 데 의견 일치를 보았다. 하지만 후에 다시 연락이 오기를 자기네들은 시간이 더 걸릴 것 같다고 해서 우리가 어쩔 수 없이 단독으로 논문을 냈다.

텔로머레이즈 없이 텔로미어를 유지하는 기전을 발견하다

우리 연구실은 텔로미어 길이를 늘리면 개체의 수명이 길어진다는 흥미로운 연구 결과를 얻은 후 텔로미어에 더욱 관심을 가지게 되었다. 2004년경 텔로미어 연구 분야를 들여다보니 텔로미어를 합성하는 효소인 텔로머레이즈에 대한 연구가 가장 활발하게 진행되고 있었고, 텔로머레이즈와 결합하여 작동하는 새로운 단백질들에 대한 연구도 아주 활발히 진행되고 있었다. 실제로 텔로머레이즈 효소를 발견한 학자들이 2009년 노벨생리의학상을 수상하였다. 다른 많은 연구실에서 연구하고 있는 분야는 경쟁 구도가 치열하게 전개되기 때문에 즐기면서 과학을 하기는 거의 불가능하다. 그래서 나는 다른 사람들이 잘 하지 않으면서도 흥미롭고 중요한 질문을 찾는 것이 필요하다고 믿었고, 그때 공동 연구 제안이 들어온 것이 텔로미어 유지 기전 중 텔로머레이즈가 없이 진행되는 기전[이를 대안적 텔로미어 유지 기전, ALT(alternative lengthening of telomeres)라고 부른다]이었다.

ALT 현상은 2000년경에 사람의 암세포에서 처음 보고되었으니 상당히 초기 단계의 연구 수준이었다. 특히 예쁜꼬마선충은 텔로미어 연구의 멋진 모델이 될 수 있다고 믿었다. 왜냐하면 반복 서열인 텔로미어가 아니라 레트로트랜스포존이라는 특이한 DNA를 염색체 말단에 가지고 있는 초파리와 달리 사람과 유사한 텔로미어 서열을 보유

하고 있고, 텔로머레이즈도 있음이 밝혀졌기 때문이다. 또한 대안적 텔로미어 유지 기전에 작동하기 전과 후를 구별하여 연구할 수 있는 모델로도 적합했다. 우리가 직접 만들면 되니까.

예쁜꼬마선충의 텔로머레이즈 돌연변이를 가지는 변이체를 가지고 실험을 시작하기로 했다. 텔로머레이즈 돌연변이는 이미 만들어져 있었고 미국의 소재 은행에 주문을 하면 산 채로 배송이 되었다. 이들을 여러 세대 키우다 보면 텔로미어의 길이가 점점 짧아져서 어느 순간에는 더 이상 세포 분열을 하지 못하는 상태가 되고 그러면 더 이상 자손을 만들지 못하게 되는 것이 이 돌연변이의 표현 형질이었다. 우리는 텔로머레이즈 유전자는 아예 제거되어 있는 이들 변이 개체 중에서 특이하게 죽지 않고 살아나는 개체가 있다면 그 개체는 틀림없이 대안적 텔로미어 유지 기전으로 살아난 것임을 간파하였고, 실험에 돌입하였다. 살아나는 개체만 찾으면 되니까 아주 어려운 실험은 아닐 것이라고 기대했다. 물론 저절로 살아나는 일은 안 일어날 것이고, 뭔가 새로운 돌연변이가 생겨서 대안적 텔로미어 유지 기전이 활성화되는 상황이 일어날 것으로 기대했다. 그런 돌연변이를 찾을 수만 있다면 평소에는 대안적 텔로미어 유지를 작동 못 하게 하는 유전자를 발견하는 것이었다.

우리는 돌연변이를 대량으로 유발할 수 있는 EMS (ehtyl methane sulfonate) 물질을 투여해 주고 자손들을

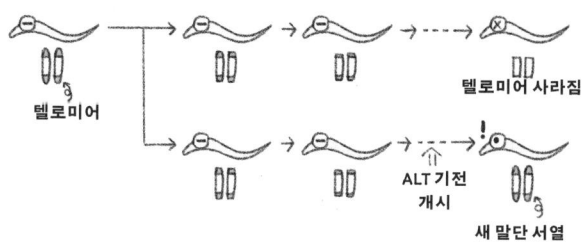

ALT 기전을 가진 예쁜꼬마선충의 발굴

계속 계대해 주었다. 그러면 예상대로 대부분의 개체들은 어느 정도 세대를 지나가다 텔로미어 길이가 짧아져서 죽었고, 아주 드물게 우리가 원하는 돌연변이를 장착한 생존자들이 나타났다. 찾은 몇 마리들은 원천적으로 텔로머레이즈 유전자가 없는 개체들이니 텔로미어 유지를 다른 방법으로 해야만 했다. 이들 각각을 독립적인 돌연변이라고 가정하고 서로 섞지 않으면서 유지하였고, 세대가 계속 지나가도 텔로미어가 짧아져서 죽어 없어지는 일이 일어나지 않았다. 우리는 진정한 의미의 대안적 텔로미어 유지 기전으로 살아 있는 개체(세포 수준이 아니라 개체 수준!)를 발견한 것이다.

이제 여러 독립적인 ALT 라인들을 계속 키우면서 이들이 가지고 있는 돌연변이를 찾기만 하면 멋진 연구 성과가 될 것이었다. 그런데, 세상에 쉬운 일이 어디 있겠는가.

문제는 단순하지 않았다. 유전체 전체의 서열을 꼼꼼히 분석해 본 결과, 우리가 원하던 돌연변이는 아무 데도 존재하지 않았다. 즉, 우리가 예상했던 대로 새로운 돌연변이가 ALT 기전을 활성화시킨 것이 아니라 '저절로' ALT 기전이 활성화된 것이었다. 이를 확인하기 위해 원래 우리가 디자인했던 실험과 똑같은 실험을 EMS 처리 없이 계속해 보았더니 거기서도 여전히 살아나는 생존자 ALT 개체가 발견되었다. 아주 드물게 우리가 아직 이해하지 못하는 기전으로 ALT가 무작위적으로 켜지고 그것이 유지되는 상황인 것이었다. 특정 유전자를 찾지 못해 거의 이 프로젝트는 실패의 길로 몰렸다.

그래도 한 줄기 빛이 있었다. 우리는 당시 유전체 전체를 분석하는 능력이 없어서 협력 연구자를 물색하였는데, ALT를 최초로 보고한 호주의 로저 리델 교수님이 캐나다의 생물정보학 전공자를 소개해 주신 것이다. 마크라는 연구자였는데, 사실 아직도 만나 본 적이 없고 이메일로만 의논하고 분석하고 협력하였다. 요즘 같으면 혹시 AI가 아닐까 의심해 볼 만한 상황이겠지만 당시에는 그런 상상을 할 수 없는 시절이었다. 아무튼, 마크에게 생존자 ALT 개체들의 유전체에서 현저하게 늘어난 서열, 즉 텔로미어로 쓰이게 된 염기 서열이 있는지 찾아 달라고 했다. 그랬더니 놀라운 결과가 나왔다. 원래의 텔로미어 서열인 TTAGGC가 아닌 새로운 염기 서열들이 증폭되어 있었고 그 서열은 텔로미어에서 벗어난 염색체 안쪽에 있는 서열이었다. 이 서열을 우리는 TALT[ALT의 주형(Template for ALT)]라고 이름 지었고 실제로 생존자 개체에서만 염색체 끝에 있음을 여러 가시 방법으로 증명하였다. 우리는 텔로미어 서열이 아닌 다른 종류의 서열을 가지고 염색체를 보호하는, 말하자면 자연상의 초파리와 흡사한 새로운 종류의 선충을 창조한 것이었다! 앞서 밝혔듯이 초파리는 원래부터 텔로미어나 텔로머레이즈가 없이 염색체 말단을 유지하는 동물이다.

하지만 더욱 점입가경이었다. 우리는 예쁜꼬마선충 품종 중에서 가장 흔하게 쓰이는 표준 품종인 N2를 사용하지 않고 하와이 유래 품종인 CB4856를 사용하여 ALT 개체를 만들고 분석하였다. 연구를 심화시키기 위해 N2를 이용해서도 똑같은 실험을 반복해 보았다. 이번에도 생존자 ALT 개체들을 발견할 수 있었는데, 흥미롭게도 이 품종에서는 CB4856와는 다른 서열을 이용하여 텔로미어처럼 사용하고 있었다. 그래서 우리는 N2에서 쓰인 TALT를 TALT2라고 부르고 원래 찾았던 CB4856의 TALT를 TALT1이라고 명명하였다. 후에 우리는 CB4856의 유전제 전체를 재구성하는 연구를 수행하였고 이 두 품종에서 왜 서로 다른 TALT를 사용하게 되었는지를 정확히 밝혔지만, 이 지면에서 서술하기에는 복잡해 생략하고자 한다. 이 부분이 궁금한 독자는 나에게 메일을 주면 자세히 설명하겠다.

텔로미어 유지를 위해 텔로머레이즈 효소를 사용하는 것이 보편적인 것 같지만 자연에서는 사실 다양한 방법으로 텔로미어를 유지하고 있다. 이미 이야기했던 초파리가 그렇고 다양한 식물에서도 그 예를 찾을 수 있다. 양파의 경우도 텔로머레이즈가 아닌 방식으로 텔로미어를 유지한다. 텔로미어 부분을 유지해야 한다는 것은 생존을 위해 필수적인 일이기에 어떤 방법으로든 텔로미어를 유지하기만 하면 살아난다고 볼 수 있다. 진화는 기회주의적이라는 표현을 종종 쓰는데 텔로미어의 경우가 정확히 그런 예다.

다양한 텔로미어 유지 기전이 존재하는 것이 왜 중요한가? 그 이유는 사람에게서 찾을 수 있다. 사람의 경우 텔로미어는 텔로머레이즈에 의해 조절된다. 그런데 생식 세포나 줄기세포에서는 텔로머레이즈 효소 활성이 살아 있지만 대부분의 체세포에서는 꺼져 있다. 그래서 체세포는 일정한 세포 분열을 하고 나면 더 이상 세포 분열을 하면 안 되는 때가 온다. 그때가 바로 세포의 노화가 시작되는 시점이다. 그런데 체세포이면서도 예외적으로 텔로미어가 짧아지지 않는 세포가 생길 수 있다. 바로 암세포이다. 암세포는 무한 증식을 하는데 텔로미어가 제한 조건이 되면 더는 분열하지 못하므로 당연히 텔로미어 유지 기전을 어떤 식으로든 다시 획득하게 된다. 대부분의 경우는 꺼져 있던 텔로머레이즈 효소의 활성을 살리는 것으로 암세포의 무한 증식을 보장한다. 만약 텔로머레이즈가 유일한 텔로미어 유지 기전이라면 이 효소가 항암 전략의 중요한 표적이 될 수 있다. 실제로 텔로머레이즈 효소를 잠재우는 항암제를 탐색하였다. 그런데 새로운 문제가 발견되었으니 약 15퍼센트에 해당하는 암세포들은 텔로머레이즈 활성이 되살아나지 않으면서도 텔로미어가 짧아지지 않는 현상을 보인 것이다. 그래서 대안적 ALT가 발견된 것이다.

이것이 문제가 되는 이유는 텔로머레이즈 효소를 잡는 항암제를 개발했다고 하더라도 이 항암제에 반응하지 않는 ALT 세포들이 더 많이 생겨나서 통제 불능의 암으로 진전될 것이기 때문이다. 이러한 ALT 현상은 사람의 암에서 보고되었지만 이미 우리가 아는 바와 같이 자연의 다양한 종에서도 보여 사람의 경우 잠자고 있던 ALT 본능이 깨어난 것으로 볼 수 있다. 그래서 ALT 기전을 정확히 이해하지 않으면 이 기전을 활용한 항암 전략은 의미가 없다.

예쁜꼬마선충의 ALT는 선충에만 있는 것이 아니다

우리는 예쁜꼬마선충에서 발견한 새로운 현상이 선충에서만 일어나는 현상이 아닐 것이라는 기대를 하였다. 생명 현상 중 중요한 것들은 진화적으로 잘 보존되어 있는 것이 그동안의 통찰이었기 때문이다. 텔로미어 서열이 아닌 새로운 서열로 텔로미어 자리를 대신하는 새로운 기전은 선충에서 최초로 발견된 것이 아니었다. 효모 모델에서 일찍

이 텔로머레이즈를 없애고 계속 배양하면 결국 대부분 죽고 극소수가 살아나는데, 그들은 두 가지 중 한 가지 기전을 택하여 살아났다. 1유형은 텔로미어가 아닌 그 근처의 다른 서열을 사용했고, 2유형은 텔로미어 서열을 그대로 사용하되 텔로머레이즈 효소를 사용하지는 않는 방식이었다. 우리가 발견한 선충에서의 새로운 ALT 기전은 효모의 1유형과 닮아 있었다. 그래서 더 조사를 해 보니 다세포 동물에서는 1유형의 ALT가 그전에 발견된 적이 없었다는 것을 알게 되었다. 즉, 우리의 발견이 동물에서는 최초였던 것이다.

고등 동물은 어떨까? 논문들을 조사하다 하나의 논문을 발견했는데 그것이 후에 우리에게 금광과 같은 것이 되었다. 일본의 한 연구실에서 20년 전에 발표한 것이었는데, 생쥐 배아 줄기세포에서 텔로머레이즈 효소 유전자를 없애고 계속 배양을 해서(아마도 3년 정도는 배양을 한 것 같다), 대부분 죽어 나가는 상태까지 밀어붙이자 억지로 살아나는 생존자 세포를 발견할 수 있었다. 이 생존자 세포들은 텔로머레이즈가 아예 작동하지 않았으므로 ALT임에 틀림없었다. 그중 한 종류의 세포에 대해 자세히 조사를 했는데, 당시에는 생쥐의 유전체 서열이 완전히 밝혀지지 않았던 때여서 이들이 찾은 새로운 텔로미어 서열이 어디에서 유래한 것인지를 밝히지 못하고 논문을 마무리하고 있었다. 우리는 그 논문을 읽으면서 직감적으로 우리의 선충 TALT와 같은 방식으로 작동하는 mTALT[생쥐(mouse)의 TALT]를 이들이 발견했다는 것을 알게 되었다. 실제로 그 서열들을 데이터베이스에서 다시 조사해 보니 13번 염색체이 텔로미어 근처에 있는 서열임을 알 수 있었다. 서열 자체는 보존되어 있지 않지만 그 구조와 작동 방식은 잘 보존되어 있어서 우리는 생쥐의 1유형 ALT를 재발견한 셈이었다.

일본의 연구자인 니이다 교수에게 연락이 닿았다. 그의 회신에 의하면 2000년도에 발표한 그 논문 이후로는 자신의 연구실에서는 ALT 연구를 더는 하지 않았다고 한다. 그런데 정말 놀라운 것은 그 연구실이 이사를 다니면서도 그 당시에 오랜 시간 배양하면서 얼려 두었던 세포들을 냉동 보관 한 채로 20년도 더 가지고 있었다는 것이다. 우리는 1유형 ALT 모델이 될 줄기세포주를 이메일을 통해 확립한 최초의 연구실이 되었다. 감사하게도 모든 세포들을 보내 주었고, 우리는 전장 유전체 분석을 통해 그 세포들이 바로 우리가 찾던 생쥐의 1유형 ALT 현상을 보임을 증명하였다. 더욱 멋진 것은 ALT가 켜지기 전 위기 상황에 몰린 세포들도 얼려져 있어서 우리는 ALT 기전이 작동하기 전과 후를 직접 비교할 수 있는 시스템을 완비하게 되었다는 것이다.

이제 선충에서 발견된 현상이 생쥐에서도 발견이 되었으므로, 사람에서 같은 방식의 현상이 발견되지 않으면

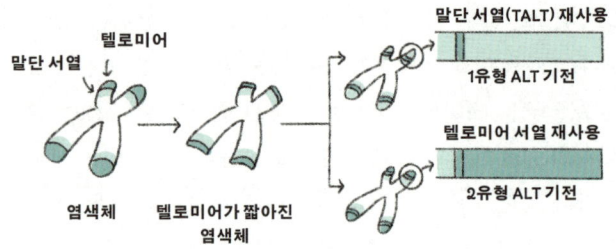

1유형 ALT와 2유형 ALT에 대한 모식도

이상한 것이다. 진화적으로 선충과 생쥐의 거리가 생쥐와 사람 사이의 거리보다 훨씬 멀다. 아직 사람에서는 발견되지 않았는데, 그동안에는 자세히 관심을 가지고 본 적이 없기 때문이라고 나는 믿는다. 우리는 사람의 암세포에서 이런 현상이 있는지를 정밀하게 조사하고 있는 중이다. 시간이 걸리겠지만 결국은 찾을 것이라고 믿는다. 이 책이 세상에 나올 무렵에는 사람에게서 1유형 ALT가 발견되었다고 해도 놀랍지 않을 것이다.

예쁜꼬마선충과
함께 미래로:

선충으로 하는
무모한 도전은 끝이 없다

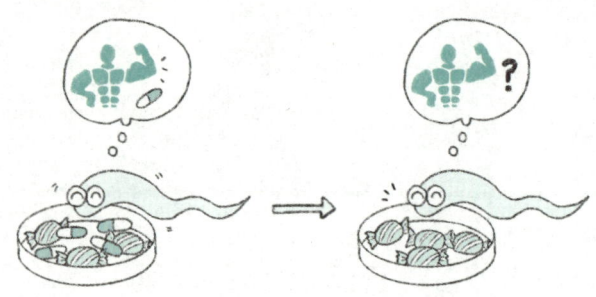

선충도 플라시보 효과를 가질 수 있을까?

위약(플라시보) 효과, 선충으로 풀 수 있을까

위약 효과는 신약 개발을 위한 임상 시험에서 최대의 장벽 중 하나이다. 특히 신경 관련 신약의 경우는 더 그렇다고 한다. 예를 들어 항우울증 신약을 개발하려고 새로운 후보를 발굴했다면 우선 안전성 검사를 통과해야 하고 효능 검사를 통과해야 한다. 비임상 시험을 거쳐 모델 동물에서 안전성과 효능이 인정되면 비용이 많이 드는 사람을 대상으로 하는 임상 시험을 하게 된다. 이때 환자들을 모집하여 절반은 위약, 즉 신약 후보가 아닌 비타민 같은 약을 주게 되고 나머지 절반에게 신약 후보 물질을 주게 된다. 그러고는 부작용(소화 불량, 메스꺼움, 피부 발진, 두통 등)을 조사하고 실제로 약효가 있는지도 조사한다. 이때 위약을 받은 환자들은 그 약이 위약인지 모르는 상태이기 때문에 자신이 생각하는 대로 결과가 나오기도 한다. 아무런 효과가 없는데도 구토가 나기도 하고 두통이 생기기도 한다. 심지어 약효가 나타나기도 한다. 그런데 그 약효가 상당히 크다. 신약 후보보다 위약이 더 약효가 좋을 정도이다. 예를 들어 위약은 30퍼센트, 신약 후보는 35퍼센트 약효가 있다고 답을 했다면 신약 효과는 고작 5퍼센트에 불과한 것이 된다.

그런데 문제는 이런 위약 효과는 대부분 임상 시험에서 나타난다는 것이다. 그렇다면 발상을 전환하여 위약 효과도 정상적인 생물학적 현상이 아닐까라고 생각해 보는 것은 어떨까? 최근의 보고[*]에 의하면 위약이라고 표시해서 먹어도 실제 약의 절반 정도의 효과가 나왔다고 한다. 나는 오랜 시간 동안 대학원 신입생이 들어오면 위약 효과의 생물학적 기전을 예쁜꼬마선충에서 밝혀 보는 연구는 어떠냐고 제안을 했다. 물론 도전적인 새로운 질문을 찾아보라는 충고와 함께 엉뚱한 예로서 이야기한 것이기는 하지만, 나는 예쁜꼬마선충에서도 이 실험을 해 볼 수 있지 않을까 하는 희망의 끈을 놓지 않고 있다.

예를 들면, 예쁜꼬마선충에게 조사하고자 하는 약물과 함께 특정 먹이, 예를 들면 포도당을 함께 주다가 약물은 빼고 포도당만 주었을 때도 약물을 투여했을 때와 비슷한 효과가 나는지를 보면 위약 효과의 정도를 우선 측정할

[*] 자세한 정보는 여기에서 확인할 수 있다. https://www.health.harvard.edu/newsletter_article/the-power-of-the-placebo-effect.

수 있을 것이고, 실제로 위약 효과가 있다면 그 효과를 못 느끼는 돌연변이를 찾아서 유전학적으로 기전을 풀 수 있을 것이라고 상상해 본다. 이런 경우 서로 다른 선충에게 약물과 위약을 투여하면 위약 실험이라는 자체도 알려 줄 수가 없기 때문에 동일 개체에게 약품 투여 후 위약을 투여하면 어떨까. 물론 다양한 반론도 예상이 되므로 조금 더 천재적인 후배 과학자의 출현을 기다려야 하는 사안일 수 있겠다. 아니면 내가 엉뚱한 공상가이거나.

실패한 유전학 실험에서 얻는 교훈

예쁜꼬마선충의 가장 큰 장점은 유전학적 연구를 하기 좋은 모델이라는 것이다. 그래서 술에 취하지 않는 주당 돌연변이를 찾을 수 있었고 그 변이의 주인공인 유전자도 찾을 수 있었다. 하나의 돌연변이를 찾고 나면 그 돌연변이를 이용해서 꼬리에 꼬리를 무는 유전자 연결 고리들을 찾아 나가는 방법이 유전학에서는 아주 유용한데, 우리도 그런 아이디어를 고민하였다. *jud-1* 유전자에 문제가 생기면 정상 선충은 다 쓰러지는데 이 돌연변이 개체들은 7퍼센트 알코올에서도 30분 이상 견딜 수 있다. 그럼 이 돌연변이들을 이용해서 연결되는 유전자를 찾으려면 어떻게 하면 될까? 통상 돌연변이 개체들에게 다시 돌연변이를 유도하여 원래의 형질을 없애는 새로운 돌연변이를 찾게 되면 상호작용하는 유전자를 찾을 수 있다. 이를 '억제 인자 스크리

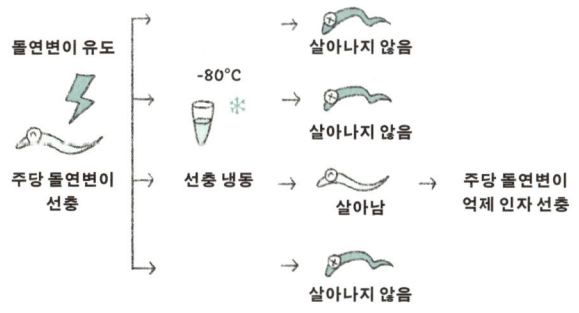

주당 억제 인자(soj: suppressor of judaung, 소주라고 읽는다)를 찾는 과정

닝'이라고 한다.

    이러한 원리를 적용하여 주당 형질을 다시 주당이 아니게 만드는 유전자를 찾고자 한다면 7퍼센트 알코올에서 잘 움직이는 주당 돌연변이 중 안 움직이게 되는 개체를 찾는 식인데, 실제로 주당 돌연변이를 가진 개체들 모두가 7퍼센트 알코올에서 취하지 않는 것이 아니라, 실제로는 더 잘 견디거나 그렇지 못한 개체도 정규 분포를 그리면서 존재하므로 주당 형질이 없어진 억제 인자 개체를 찾기란 거의 불가능하다. 특히 눈에 잘 띄는 형질(예를 들면 다 쓰러져 있는데 문제없이 돌아다니는 개체)은 그나마 스크리닝하기가 덜 어려운데, 눈에 띄는 형질이 없어지는 상황으로 가야 하는 것이라 이런 경우는 부정적 선택이라는 상황이

되어 시도할 수 없어진다.

그런데 우리는 주당 돌연변이 개체들이 가지는 다른 특징을 우연히 발견하였다. 꼬마선충의 경우 얼려서 보관이 가능한데 주당 돌연변이는 어떤 방법을 동원해도 얼리고 나면 살아나지 않는다는 것을 경험적으로 찾아낸 것이다. 예쁜꼬마선충의 장점 중 하나가 얼렸다 녹이면 살아나는 성질을 이용하여 오랫동안 보관이 가능하다는 점인데 주당 돌연변이는 얼려서 보관을 할 수 없었다. 10년쯤 지난 후에 *jud-1* 유전자가 만드는 단백질이 세포막의 유연성을 조절한다는 것을 발견하고 나서는 그 이유를 이해할 수 있었지만, 당시에는 이유는 몰라도 억제 인자 스크리닝에 쓰기에는 아주 좋은 형질임은 직감하였다. 즉, 주당 돌연변이를 가지고 있는 개체들에게 다시 돌연변이를 일으키는 물질을 주입하고 수많은 자손들 중에서 얼렸다 녹였을 때 살아난다면, 그 형질을 극복했다는 것에 착안하였다. 아무리 많은 개체를 스크리닝하여도 새로운 돌연변이가 없다면 다 죽기 때문에 살아나는 개체만 고르면 되는 정말 쉬운 스크리닝이다. 그렇게 하여 몇 개의 변이를 찾았는데 아쉽게도 더는 연구하지 못하였고, 냉동하여 보관하다가 냉동고가 고장나서 온도가 올라가 버리는 사고로 모두 잃고 말았다. 지금이라도 다시 할 수 있는 실험이니 관심 있는 분은 누구나 연락하시라. 재료들을 제공해 드릴 용의가 있다.

다시 알코올로 돌아와서 엄청난 노력을 들였던 프로

젝트의 그림자를 이야기해야겠다. 그것은 꼬마선충 모델을 이용한 태아 알코올 중독이라는 병증의 원인과 치료제 개발 노력 프로젝트이다. FAS로 줄여 부르는 이 질병은 산모가 임신 중 음주를 하여 태아의 발달에 악영향을 주는 상황을 일컫는다. 알코올이 정확히 어떤 경로로 태아의 발달에 영향을 주는지를 알게 되면 그것을 막을 방법도 찾을 수 있을 것이라는 논리적 추론하에 정확한 원인 규명을 위한 모델로 예쁜꼬마선충을 써 보기로 했다.

우리는 주당을 발견해서 연구를 재미있게 하고 있었기에 이 프로젝트도 잘하면 아주 흥미로운 일이 될 거라는 기대를 가졌다. 우선 실제로 알코올이 예쁜꼬마선충에서도 FAS를 일으킨다는 것을 봐야 좋은 모델이라 확신할 수 있었다. 그래서 우선 어른 선충을 다양한 농도의 알코올에 노출시키고 자손들에서 발생상의 문제가 생기는지를 조사하였다. 그 결과 실제로 알코올에 노출된 모체가 생산한 자손들의 초기 발생에서 특히 뉴런들의 분화가 늦어지는 것을 확인할 수 있었다.

이제는 어떻게 스크리닝할 것인가를 정해야 했다. 최대한 FAS를 일으켜 다 죽는 상황을 만들고, 돌연변이를 도입하여 그 현상을 극복하게 하면 성공이라고 생각했다. 일단 작은 스케일에서 해 본 실험에서는 결과가 좋았다. 그래서 대규모 스크리닝을 시작하기로 하고 많은 수의 선충을 배양하고 돌연변이를 유발한 후 모체를 알코올에 노출시켜 시간을 가지면서 살아나는 자손을 찾아보았다.

그런데 이 시점에서 문제를 발견하였다. 알코올을 적신 종이 타월을 깔고 선충 배지를 올려 둔 상자들을 20도로 유지되는 배양기에 넣어서 오랜 시간 보관하는 상황인데, 배양기의 위치에 따라 알코올의 휘발 정도가 달라서 모든 박스에서 선충들이 일률적인 형질을 나타내지 않는 것이었다. 위치를 바꾸어 보고, 바람이 덜 불게 해 보는 등 할 수 있는 조치를 모두 했지만 결국 대규모 스크리닝은 실패로 끝나고 말았다. 돌이켜 보면, 배양기 자체를 알코올 농도로 채운 포화 상태의 공기를 돌리는 장치로 만들었으면 어땠을까 하는 아쉬움이 남는다. 이 일을 도모한 것이 20년도 더 된 과거여서 당시에는 장치 새로 만들기 등은 내 머릿속에 없었다. 지금은 3D 프린팅 등 새로운 적용 가능 기술들이 많아서 뭐든 상상하면 다 할 수 있을 것 같은 시대여서 다시 시도해 보면 좋지 않을까 한다. 나의 시간이 이제는 남아 있지 않아 아쉬울 뿐이다.

*unc-101*은 나의 박사과정 동안 최애 유전자였다. 이 유전자의 정체를 밝혀서 논문을 내고 박사학위를 받을 수 있었다. *unc-101* 유전자에 문제가 생기면 EGF 신호 체계에 문제가 생겨서 생식기 발생의 면에서 표현 형질이 나온다. 그런데 그 형질을 가지고는 유전자 클로닝 실험이 쉽지 않음을 알고, *unc-101* 유전자 변이의 다른 형질로 진행하기로 했는데 바로 Unc라는 표현 형질이다. *unc-101* 유전자

가 세포 내에서 물질의 이동에 관여하는 단백질임을 발견했고, 이 단백질과 상호 작용하는 새로운 단백질을 찾고 싶었는데, 여기서도 가장 손쉽게 할 수 있는 유전학적 실험이 억제 인자 스크리닝이었다. 즉, Unc 형질을 가시는 놀연변이를 억제하고 다시 잘 움직이도록 해 주는 새로운 변이를 찾을 수 있다면 이는 유전학적으로 상호 작용하는 유전자라는 증거가 된다.

나는 움직이지 못하는 변이 개체들 사이에서 사인 곡선을 그리면서 유유히 형질을 극복한 억제 인자 개체를 찾는 것은 시간 문제라고 생각하였다. 그런데 6개월 이상을 돌연변이 제작과 스크리닝에 썼지만 다시 잘 움직이는 제2의 돌연변이를 단 한 마리도 찾지 못했다. 유전학의 신봉자였던 내 실망은 말할 수 없이 커서 조용히 남몰래 시도를 여러 번 더 했던 기억이 난다. 결과적으로 완전한 실패였는데 너무나 당연한 결과였음을 후에 알게 되었다.

unc-101 유전자를 찾고 나서 우리가 가지고 있던 여러 종류의 *unc-101* 대립 형질 변이체들의 DNA를 순수 분리하여 *unc-101* 유전자 부위 중에 어디가 고장 나 있는지 찾는 일을 하였는데, 내가 위의 실험에 썼던 대립 인자 변이는 일부 아미노산 서열이 결실된 유전자로서 기능이 완전히 상실된 단백질을 만드는 심각한 고장이었다. 그런데 이 단백질이 신호 전달의 과정에서 작동하는 것이면 그 하위에서 작동하는 유전자들이 극복할 수 있었을 것인데, 불행

히도 내 최애 유전자 *unc-101*이 만드는 단백질은 세포막에서 작동하는 구조용 단백질이었다. 신호 전달의 경로에 문제가 생기면 하위에서 변화를 주어서 영향을 끼칠 수 있지만 특정 구조를 유지하는 데 필요한 단백질의 경우엔 그 구조를 복원하는 제2의 변이가 생기지 않고는 회복할 방법이 없다. 내 실험에서는 결실 변이라는 잘못된 출발선에서 출발하였기에 제2의 변이가 생겨서 이런 구조적 문제를 막아 줄 방법이 전혀(!) 없었던 것이었다.

만약에 내가 *unc-101* 대립 인자 변이들 중에서 아미노산이 하나만 바뀐 것을 썼더라면 아주 낮은 확률로라도 그 아미노산과 정확히 결합하는 다른 단백질의 아미노산 변이를 찾아낼 수도 있었을 텐데, 운이 나빴다. 물론 전혀 시간 낭비라고 생각하지는 않는다. 아무리 유전학 신봉자라 하더라도 결과를 낼 수 있는 실험 디자인을 하지 않으면 헛수고를 하게 된다는 중요한 교훈을 얻었으니까. 시간이 다시 주어진다면 다른 변이를 이용하여 단 하나의 새로운 변이를 찾기 위한 노력을 끝까지 할 것이라 자신해 본다.

꼬마선충도 다른 선충을 가르칠 수 있을까?

예쁜꼬마선충의 장점은 단순함과 사람과의 유사성이라 할 것이다. 그래서 선충에서 진실인 것이 사람에게도 진실일 수 있다는 희망이 선충을 생물학의 총아로 만들어 준 것이다. 실제로 그런 사례를 많이 언급했는데 조금 더 고민을 해 보면 사람이 하는 고등한 활동, 예를 들어 의사소통을 한다든지, 자신의 지식을 다른 사람에게 전해 준다든지 하는 활동은 적당한 모델이란 것이 없을 수 있다. 예를 들어 언어 능력만 해도 사람에게만 있는 능력이다 보니 침팬지로도 모델을 삼기 힘든 것이다. 언어 능력이 없어지는 돌연변이로부터 언어 능력을 발현시키는 필요 유전자를 찾을 수 있었는데, 그 유전자를 생쥐에 발현시켰더니 생쥐의 목소리가 달라졌다는 식의 어정쩡한 연구들이 그나마 우리 지식의 지평을 조금씩 넓혀 주고 있다.

닉테이션 행동이 특별히 흥미로운 이유는 프로그램되어 있는 행동이라는 점인데, 나는 그것에 더하여 닉테이션을 모든 개체가 동일하게 하는 것이 아니라는 점이 흥미로웠다. 즉, 상황을 보고 의사 결정을 해서 고개를 들 것인가 아니면 그냥 숙이고 기다릴 것인가를 판단해야 하는 순간에 뉴런들은 어떻게 작동할까? 이 과정을 세포와 회로의 수준에서 밝힐 수 있다면 아마도 최초의 의사 결정 신경 회로의 기전을 규명하는 것이 될 것이다.

예쁜꼬마선충이 정말 의사소통의 모델이 될 수 있을까? 시도해 봄 직하지 않을까? 나는 고등학교에 종종 강연을 가는데, 다녀오고 나면 선충을 연구해 보고 싶어 하는 학생들이 연락을 한다. 그러면 실험실 방문을 권한다. 와서 보고 필요한 것을 얻어 가서 잘해 보라고 응원한다. 몇 년 전의 일이다. 어느 고등학교 학생들이 선충을 분양받기

녹농균에 대한 기억을 전달하는 예쁜꼬마선충, 가능할까?

위해 찾아왔다. 나와 어떤 실험을 해 보고 싶은지 상담을 했다. 학생들이 궁금해한 것은 선충이 어떤 사실을 경험하지 않은 다른 선충에게 전해 줄 수 있을까였다. 예를 들어 어느 선충이 아주 나쁜 환경을 만난 경험이 있다면, 그것을 미리 주변의 선충들에 전해 주어서 똑같은 피해를 당하지 않게 해 줄 수 있냐는 것이었다.

실험을 어떻게 할지는 아이디어가 없어 보였다. 내 경험을 동원한 첫 번째 답은 고등한 신경 활동에 대해서는 아마도 예쁜꼬마선충이 좋은 모델이 될 수 없다는 것이었다. 좋은 질문을 던져야 좋은 연구가 시작될 수 있는 것인데 예쁜꼬마선충으로 고등한 신경 작용을 연구한다는 것은 최상의 선택이라고 하기는 힘들지 않을까. 그럼에도 불구하고 고등학생이니까 정말 도전적인 연구를 해 봐도 좋지 않을까 싶기도 했다. 학위 취득을 위한 연구를 해야 하는 대학원생의 경우엔 너무 도전적인 과제는 실패할 수도 있기 때문에 항상 잘 판단해야 한다.

이제 도전할 고등학생들을 위해 아이디어를 제시해 주었다. 우리 연구실에서 이미 시용해 본 비 있는 초록빛 형광을 내는 선충과 빨간빛 형광을 내는 선충이 있으니 이들을 각각 따로 배양한 후 둘 중 하나에만 특별한 조건을 주고, 그 조건에 대한 정보를 다른 선충들에게 넘겨 주는지를 살펴보라는 것이었다.

구체적으로 예를 들면, 예쁜꼬마선충은 녹농균을 처음 만나면 아주 좋아하면서 먹는다. 그런데 녹농균은 예쁜꼬마선충의 배를 아프게 한다. 심한 경우 죽일 수도 있다. 그런데 예쁜꼬마선충이 첫 만남에서 배만 아프고 살아남았다면 두 번째 똑같은 적을 만났을 때 전혀 다른 행동을 한다. 처음에는 좋아했던 녹농균을 피하기도 하고 잘 먹지 않는 행동 방식을 보이는 것이다. 배 아픔의 기억을 통해 다시 같은 실수를 반복하지 않으려 한다. 그러므로 초록빛 형광의 선충들에게 녹농균을 먹인 후 회복시켰다가 이들을 빨간빛 형광의 선충들과 만나게 한 다음 빨간빛 선충들이 녹농균을 만나면 처음 본 것처럼 행동할지, 아니면 내 친구가 알려 준 배 아프게 하는 밥이라는 것을 알아보고 피할지 살펴볼 수 있을 것이었다.

실험은 간단하고 결과의 해석은 결정적일 것이라고 생각했다. 하지만 이 멋진 아이디어를 들은 학생들이 더는 찾아오지 않았다. 지금도 한번 해 볼 만한 실험이라고 생각한다. 선충도 사회적 소통을 한다면 기전을 밝힐 수 있지 않을까!

형형색색의 꼬마선충에 대한 꿈

예쁜꼬마선충이 아주 좋은 모델 동물인 이유 중 하나는 외부에서 도입해 주는 DNA가 염색체 안에 끼어들어 가지 않고도 상당히 안정적으로 세대를 넘어 유지될 수 있다는 점이다. 실제로 우리가 실험실에서 형질 전환 동물을 만드는 첫 번째 단계는 현미경 위에 선충을 올리고 생식선에 DNA 용액을 미세하게 주입하는 것이다. 미분 간섭 현미경을 이용하면 투명한 예쁜꼬마선충의 몸이 입체로 보이고, 그 속에 있는 생식선도 확인할 수 있어서 미세 바늘로 생식선에 들어가 DNA 용액을 주사하게 된다. 생식선은 생식 세포가 만들어지는 장소여서 많은 수의 정자와 난자에 DNA 용액이 들어갈 수 있고, 그 결과 첫 세대 자손(F1)에서 이 DNA의 형질이 나올 수 있게 된다.

그런데 우리가 주입한 DNA의 특성을 모르는 경우가 많기 때문에(그 DNA의 특성을 보려고 형질 전환 동물을 만드는 것이니까), DNA가 무사히 잘 들어갔는지 확인하기 위해서 이미 잘 알려진 형질을 내는 DNA를 같이 표지자로 섞어서 주입한다. 예를 들면 *rol-6* 유전자를 같이 도입해 주면 F1에서 몸을 꽈배기처럼 꼬는 개체가 나오게 되

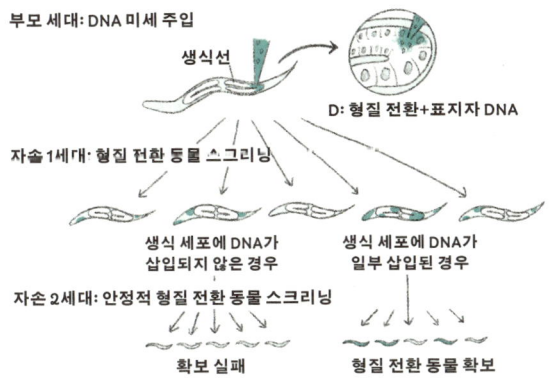

미세 주입 실험 과정

는데 이들이 우리가 넣은 DNA를 가지고 태어난 자손들이다. 그런데 *rol-6*에 의해 변형된 구조를 가진 선충은 자세히 구조들을 관찰하기 힘들기 때문에 형광을 내는 표지자를 같이 넣어 주고 형광 현미경으로 보아 자손 중에서 형광을 내는 개체를 찾으면 그들이 형질 전환 동물인 것이다.

여기서 문제는 형광 현미경에 개체들을 올려서 확인해야 한다는 것이다. 많은 연구실에는 형광 현미경이 갖춰져 있지 않기 때문에 애로 사항이 있다. 그리고 F1에서 형질 전환 동물을 찾았다고 해도 DNA가 그다음 자손에게도 전해질 것이라는 보장이 없는데 우리가 보는 표지자들의 형질은 *rol-6*이건 형광이건, 체세포에서 보이는 것이기 때문에 다음 세대로 넘어가기 위해서는 생식 세포에 DNA가 안착해 있어야 한다. 그래서 안정적 형질 전환 동물을 확보하기 위해서는 최대한 많은 수의 F1을 확보한 후 그다음 세대에서도 표지자를 가지고 있는 개체를 골라야 한다. 형광현미경을 한 번이 아니라 두 번 거쳐야 겨우 확보할 수 있는 것이다.

*rol-6*는 선충 몸을 변형시켜 쓰기 싫고, 형광 현미경이 없으면 어떻게 해야 할까? 이런 고민을 해결하기 위한 기술적 제안들이 있었고 실제로 쓰이고 있다. 예를 들면 *unc-119*이라는 유전자에 돌연변이가 있는 개체를 이용하여 우리가 원하는 DNA와 *unc-119*의 정상 DNA를 함께 주입하면 대부분의 개체들은 여전히 Unc인데 DNA를 가진 개체들은 잘 움직이게 돼 움직이는 개체만 찾으면 된다. 내가 클로닝한 *unc-101*의 경우도 정상 DNA를 주입하면 다음 세대에서 어른이 되기도 전에 아주 어린 시기에 이미 잘 움직이는 모습을 보여서, 어른이 될 때까지 기다리는 것이 지겨운 연구자에겐 아주 좋은 표지자가 될 수 있다. 하지만 여기에도 문제가 있는데, Unc 개체들은 몸도 조금 이상해서 생식선을 찾는 것이 아주 쉽지는 않다는 점이다.

그래서 나는 다시 생각해 보았다. 꽃밭의 꽃들은 제각각의 색을 나타내는데 이런 색들은 가시광선에서 그냥 보이니, 이런 색소를 만들어 낼 수만 있다면 꽃은 아니지만 형형색색의 예쁜꼬마선충을 만들 수 있지 않을까. 우리가 조사하고 싶은 DNA와 빨간색을 띄게 하는 유전자를 같이 넣고 다음 세대에서 빨간 선충만 찾으면 되는 것이다! 노란색이어도 좋고 분홍색이어도 좋다. 무지개색으로 만들 수도 있지 않을까 하는 싱싱을 하면서 기분이 좋았던 기억이 아직도 새롭다.

당장 카이스트의 식물 전공 교수님께 연락을 드렸다. 그러고는 바로 실망하였다. 꽃색을 나타내려면 그 색소를 만드는 효소들이 줄지어 작동해야 하는데 선충에는 없는 유전자가 일곱 개인가 필요하다는 것이었다. 그러면 그중 여섯 개는 미리 선충에 넣어 두고 마지막 하나만 표지자로 우리의 표적 DNA와 함께 넣으면 될 거라는 이론적인 결론은 내릴 수 있었지만, 여섯 개나 되는 새로운 유전자를 넣는다는 것이 만만치 않아 보여서 포기했다.

그러다 2024년 초에 다시 카이스트의 다른 교수님 강연을 듣다가 '아 저건 될지도 몰라'라는 생각이 들었다. 대사공학의 대가인 교수님의 연구 중에서 빨간 색소를 만들 수 있는 대장균 균주를 만들어서 기존의 빨간 색소를 대체할 수 있다는 내용이었는데, 그 효소가 단 하나였고 심지어 모든 진핵 생물체가 공유하는 대사 과정인 TCA 회로에 참여하는 대사물이자 지방산의 전구물질인 말로닐 CoA를 재료로 하여 색을 만든다는 것이었다. 교수님께 우리의 의도를 말씀드리고 대장균의 그 효소 DNA를 바로 받을 수 있었다. 선충과 대장균은 약간 다른 아미노산 코돈을 쓰기 때문에 코돈 적합화 과정을 거친 후 선충 맞춤형 효소 DNA를 제작하였고, 다양한 시도를 통해 이 효소를 꼬마선충에 도입했다. 떨리는 마음으로 현미경에 올려서 자손들을 관찰하였다. 꿈에서는 빨간색 선충들이 춤을 추고 있었지만 현실에서는 단 한 마리도 빨간색을 내지 않았다. 명백한 실패였다. 아직도 이유를 알지 못한다. 여러 가지 가능성이 있는데, 이 효소가 37도에서 잘 작동하는 효소여서 20도에서는 작동을 못 하거나, 말로닐 CoA의 양이 적어서 육안으로 볼 수 있을 만큼 빨간색이 만들어지지 않았을 가능성 등등…. 아무튼 더는 시도할 힘이 없어져서 형형색색의 꼬마선충 제작 문제도 후대에 남겨 드려야 하겠다.

녹농균은 꼬마선충도 춤추게 한다

생물학의 질문에는 '왜'와 '어떻게' 두 종류가 있다. 닉테이션이라는 행동은 IL2라는 뉴런을 통해 고개를 드는 행동으로 일어난다. 이런 과정이 '어떻게'라는 질문을 풀어 가는 과정이다. 넣어 둔 초파리를 타고 새로운 서식지로 가는 것을 보니, 닉테이션 행동은 종의 확산을 위해 채택된 행동이고 이것이 '왜'라는 질문을 푸는 과정이다.

비슷한 논리적 연장선에서 우리는 환경의 차이가 닉테이션의 차이를 유도할 수 있을 것이라고 가정할 수 있었다. 그래서 실험해 보기로 했다. 녹농균은 자연에서 자주 만나는 먹이일 것이다. 예쁜꼬마선충이 실험실에서 먹는 대장균은 실은 자연에서는 만나지 않는 먹이다. 선충에게 대장균은 우주인이 우주선 안에서 먹는 식사와 비슷한 느낌이 아닐까 싶다. 그런 선충들이 녹농균을 만나면 이건 자연식이나 마찬가지여서 아주 좋아한다. 대장균과 녹농균을 경쟁시키면 선충은 녹농균을 선택하게 된다. 그런데 앞서 말했듯 그런 일은 한 번만 일어난다. 녹농균은 예쁜꼬마선충의 배를 아프게 하고 심지어는 죽이기도 하기 때문에 예쁜꼬마선충은 녹농균을 배우고 나면 싫어하게 교육된다. 이에 착안하여 우리는 예쁜꼬마선충의 다우어에게 녹농균을 노출시키고 닉테이션의 정도를 조사했더니 역시! 녹농균이 있으면 닉테이션을 더 잘했다. 떠나야 하는 환경임을 직감적으로 아는 것이다.

이런 현상이 일어나는 것은 선충에도 이유가 있지만 녹농균에도 이유가 있을 것이다. 우리는 녹농균의 권위자인 차의과대학교의 조유희 교수가 녹농균의 모든 유전자에 대한 돌연변이 은행을 보유하고 있음을 확인하였다. 그중에서 대표적인 돌연변이들을 조사한 결과 정족수 감시(쿼럼 센싱, quorum sensing)에 관여하는 유전자에 결함이 생기면 더 이상 닉테이션 증대 효과과 나타나지 않음을 알 수 있었다. 즉, 꼬마선충도 녹농균의 정족수 감시 신호를 염탐하고 녹농균의 존재를 인식하여 대책을 세우는 것으로 이해할 수 있었다. 이 연구를 진행한 연구원이 미국으로 떠나면서 예비적인 실험 결과로만 남게 되어 공식적으

녹농균의 정족수 감시 신호를 엿듣는 예쁜꼬마선충

로 학술지에 발표할 수 없었어서 아쉽다. 앞으로도 종간 상호 작용의 사례가 될 수 있다는 점에서 후학들의 관심을 기대해 보고 싶다.

예쁜꼬마선충 세포주를 만들자!

예쁜꼬마선충은 유전학의 황제주이다. 유전학으로 풀 수 있는 문제는 꼬마선충이 최고의 모델이다. 그런데 생화학적 방법으로 문제를 풀어야 한다면 이야기는 전혀 다르다. 일단 크기가 너무 작아서 생화학적 연구의 성패를 가르는 '양으로 승부를 건다'는 것이 참으로 힘들다. 한 예로 우리 연구실에서 텔로미어에 결합하는 단백질을 생화학적으로 분리하여 단백질을 직접 동정하는 연구를 한 적이 있다. 결과적으로 성공했지만 매우 고생이었다. 우리는 배아에서 텔로미어 결합 단백질을 분리하는 것이 가장 깔끔한 방법이라 믿고, 무려 5,000장이라는 엄청난 수의 플레이트에 선충을 배양하였다. 그러고는 연구실의 모든 사람들이 매달렸다. 주 연구자는 석사과정생이었는데 나중에 어느 언론과의 인터뷰에서 이 연구에 대해 '생 노가다'였다고 회상했을 정도다. 아무튼 그렇게 모은 배아의 무게가 무려 10그램이었다. 버린 유충과 성충의 무게는 수백 그램에 이르렀으니 우리 연구실 역사상 가장 큰 규모의 선충 배양이었다.

만약 세포주가 있었다면 이런 고생을 하지 않았을 것이다. 세포주란, 어느 동물의 세포를 분리하여 불멸화시켜 영원히 실험실에서 배양할 수 있게 만든 세포이다. 예를 들면 사람의 암조직에서 수술로 제거해 낸 세포가 있으면 그 세포에 약간의 조작을 가해 불멸화시키면 세포주가 확립되는 것이다. 가장 유명한 세포주는 HeLa이다. 이 세포를 남긴 환자는 세상을 떠난 지 70년이 넘었지만 세포들은 전 세계의 실험실에서 HeLa라는 이름으로 쓰이고 있다. 그럼 세포주가 있으면 어떤 일을 할 수 있을까? 위의 예에서 살펴보면, 우리가 엄청난 양의 선충을 배양할 필요 없이 세포주를 많이 키워 내서 텔로미어 결합 단백질을 찾아낼 수 있을 것이다. 동물을 키우는 것보다 세포를 키우는 것이 비용은 더 들 수 있어도 훨씬 깔끔한 결과를 얻을 수 있다. 불행히도 전 세계의 여러 연구실에서 시도를 해 왔지만 성공하지 못했다. 생물학 무대에서 선의의 경쟁을 펼쳐 온 초파리의 경우 세포주가 확립되어 있어 할 수 있는 일이 아주 많아졌으니 부러울 따름이다. 현재까지 가능한 수준은 선충

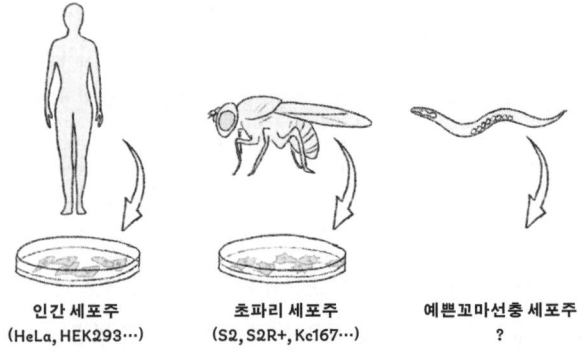

인간, 초파리, 그리고 예쁜꼬마선충 세포주

개체에서 세포들을 분리해 플레이트에서 죽지 않게 며칠 유지할 수 있는 정도이다. 무한 분열은 아직 먼 꿈이다.

우리 연구실에서 이 일에 도전하기로 했다. 세포주를 만들기만 하면 할 수 있는 일들이 많았고 일거에 세계 최고의 연구실이 될 수 있다는 허황된 꿈도 꾸었다. 한국연구재단이 마침 그런 목적을 가진, 실패를 두려워하지 않는, 오히려 실패할 만한 도전적인 과제를 모집하는 것이 아닌가! 과감히 도전했고 연구비를 받을 수 있었다. 결과적으로는 실패였다. 그런데 문제는 기술적인 수준에만 있는 것은 아니었다. 이 도전 과제를 수주해서 연구를 하게 되면 다른 개인 과제는 할 수 없는 구조였던 것이다. 즉, 모험적인 연구를 해 보자고 그동안 잘하고 있던 다른 연구들에 대한 지원이 끊기는 것을 감수하라니. 1년 해 보고 이건 아니다 싶어 겨우겨우 '성실 중단' 조치에 다른 연구비를 받는 쪽으로 갈아탈 수밖에 없었다. 도전 과제 연구가 1억이라면 다른 중견 연구는 2억 정도의 연구비를 보상받는 상황이라 어쩔 수 없었다. 후에는 개인 과제 하나로 카운트하지 않도록 개선되었다고 들었는데 이제 더는 시도할 힘이 남아 있지 않으니 안타까울 뿐이다.

기술적으로는 어떤 문제가 있었는지를 소상히 밝혀야 앞으로 세포주 만드는 일에 도전할 손님을 모실 수 있지 않을까. 우리의 생각은 그동안의 시도가 실패한 이유를 살펴보고 대책을 마련하자는 것이었다. 우선 세포 분열을 무한히 하게 만드는 유전자 변이의 도입이 보장되어야 했다. 생식선이 무한 분열하는 돌연변이가 있어서 그런 돌연변이를 도입하는 것. 사람 세포주에서 항상 쓰이는 불멸화 유전자 변이 등을 선충에 도입하고 세포들을 키워 보는 시도를 하고자 했다.

여기서 주목했던 것은 배지 조건이었다. 생쥐나 사람 세포주의 경우 정해져 있는 배지 조건이 확립되어 있었는데 선충의 세포가 그 배지 조건에서 잘 자랄지는 알 수 없는 일이었다. 그래서 허황되어 보이지만 선충의 세포들이 노출되어 있는 (실제로는 담겨 있는) 세포 환경의 화학적 조성을 알아내고 싶었다. 그리고 하나 더 주목한 것은 선충의 몸은 기압이 높게 걸려 있어서 1기압이 아니라 2~3기압 정도의 수압을 유지하고 있다는 점이었다. 실제로 선충의 몸에 상처를 내면 수압의 차이로 인해 선충의 몸속에 들어 있는 모든 조직들이 쏟아져 나오는 것을 쉽게 볼 수 있다. 이렇게 압력을 유지하는 것은 몸의 형태를 유지하기 위한 방법일 것이다. 그래서 우리는 유전자의 조작뿐 아니라 배지의 조성을 최대한 선충 몸 안에 있는 것처럼 느끼게 해 주는 화학적·물리적 조건을 만들고 세포 분열을 무한정으로 하게 하고 싶었다. 이런 준비를 열심히 하다가 실제로는 1년 만에 중단했으니 겨우 시작만 하고 실패는 해 보지도 못한 안타까운 꿈 같은 과제가 되고 말았다. 우리 나라에서 예쁜꼬마선충의 세포주가 탄생하기를 기원해 본다.

한 가지 에피소드 추가. 선충 몸속의 화학적 조성을 확인하기 위해서는 몸속에 있는 체액을 모으는 것이 중요했는데 예쁜꼬마선충으로는 가능해 보이지 않았다. 그래서 고민 끝에 생각해 낸 것이 선충과 가까운 회충을 구할 수 있다면 크기가 있으니 그 체액으로 화학 조성을 확인해 보면 될 것이라 기대했다. 여러 병원의 기생충학 교실에 연락을 해 보았는데 돌아온 답은 우리나라에서는 더 이상 회충을 구하기 힘들다는 것이었다. 기생충 박멸 사업이 너무 잘 된 것이다. 그래서 한 가지 유일한 길은 회충을 많이 가진 귀순 북한 병사가 있으면 그때 구한다는 것이었다. 우리가 이 연구에 몰입할 때는 귀순 용사가 남쪽으로 오지 않았다. 불행히도.

[현상 수배] 텔로머레이즈 RNA 성분 유전자를 찾습니다

선충 텔로머레이즈 효소의 RNA 성분은 도대체 어디에 있는 것일까

2024년 5월, 로마에서 EMBO 텔로미어 학회가 열려서 다녀왔다. 그 기간 중에 구글 딥마인드는 알파폴드3라는 엄청난 기술의 발전을 『네이처』에 발표하였다. 이제 단백질의 3차 구조뿐 아니라 단백질-핵산-분자 간의 상호 작용도 정확히 예측할 수 있다고 장담하면서 연구용으로는 무료로 개방한다고 발표하였다. 그럼 이제 모든 문제가 풀릴까. 나는 단호하게 아직은 아니라고 답하고 싶다. 이러한 엄청난 발전에도 불구하고 여전히 한계는 있다. 예를 들면 우리는 텔로머레이즈 효소의 RNA 성분에 해당하는 유전

자를 아직도 못 찾고 있다.

텔로미어는 모든 선형 염색체의 말단을 보호하기 위한 핵산-단백질 복합체를 통칭하는 용어다. 염색체 말단 부분은 복제가 잘 되지 않아서 세포 분열을 거듭할수록 끝부분이 점점 짧아지게 되는데 어느 정도 이상 짧아지게 되면 염색체의 안정성을 해치는 수준에 이르게 되고, 이때 세포는 더 이상 세포 분열을 하지 않는 결심을 하는데 바로 세포의 노화가 이루어지는 시점이다.

사람의 경우 텔로머레이즈라는 효소가 염색체 말단에 TTAGGG라는 여섯 개의 염기 서열 반복을 붙여 주는 일을 함으로써 염색체 말단이 잘 복제되지 않는 문제를 해결해 준다. 일반적으로 DNA 복제는 다른 DNA 서열을 주형으로 하여 상보적인 염기를 붙여 나가는 식으로 진행되는데, 텔로머레이즈는 독특하게도 자체적으로 RNA 분자를 품고 있어서 그 RNA 서열을 주형으로 하는 역전사 효소 기능을 발휘하여 동일한 염기 서열 반복을 합성해 낼 수 있게 된다. 텔로머레이즈의 존재와 이 효소가 RNA를 품고 있는 역전사 효소라는 사실을 밝힌 과학자들이 2009년 노벨생리의학상을 수상한 것은 놀라운 일이 아니었다. 텔로머레이즈를 저해하는 물질을 찾으면 암세포의 복제를 억제하여 항암제 개발을 금방이라도 이룰 수 있다는 상상을 불러일으킬 정도로 중요한 발견이었다. 사람의 경우 생식 세포나 줄기세포를 제외하고 대부분의 체세포들이 이 효소를 발현하고 있지 않은 것은 어쩌면 세포의 노화가 세포의 암화를 막기 위한 고육지책일 수도 있다는 해석이 가능하기도 하다.

텔로머레이즈라는 독특한 효소는 종미다 다양하다. 특히 단백질 부분은 역전사 효소 기능을 보존하고 있어서 아미노산 서열이 어느 정도 유사해 서열을 비교하면 다른 종에서도 찾아내기가 어렵지 않은데, RNA 부위는 텔로미어 반복 염기 서열의 주형에 해당하는 서열을 제외하고는 거의 보존되어 있지 않아서 인접한 종에서도 염기 서열 비교로는 찾아낼 수 없을 정도로 많이 다르다.

RNA의 특성 중 하나가 단일 가닥으로 만들어져서 복잡하고 다양한 3차 구조를 형성할 수 있다는 점인데 텔로머레이즈 RNA 부위가 그 대표적 사례라고 할 수 있다. 다양한 종에서 텔로머레이즈 RNA가 발견이 되면서 구조적 특성도 보고가 되고 있는데 알면 알수록 더 비관적이 되는 드문 경우이기도 하다. 염기 서열과 무관하게 만들 수 있는 2차, 3차 매듭 구조의 존재 정도가 거의 유일한 특성이다 보니 이런 정도의 특성을 가지는 유전자를 찾아내라는 지시를 아무리 똑똑한 인공 지능에게 내려도 아직까지는 찾지 못하고 있다. 아는 것만큼 보인다는 것이 인공 지능에도 그대로 적용되는 것 같다. 이런 부분은 안 닮아도 좋을 텐데.

예쁜꼬마선충은 이미 설명한 바와 같이 동물 중에서는 가장 먼저 유전체 전체가 해독됐다. 모든 염색체의 끝에서 끝까지의 염기 서열을 다 안다. 그 유전체 속에 당연히 텔로머레이즈의 RNA 부분에 해당하는 유전자 부위가 있을 것인데, 아직도 못 찾고 있다. 내가 2022년 콜드스프링 하버 텔로미어 학회에 참여했을 때 어느 저녁 시간에 식사를 배급받기 위해 줄을 서 있는데 바로 앞에 노벨상 수상자 토머스 체크 교수님이 서 있었다. 용기를 내서 인사를 드렸고, 예쁜꼬마선충 텔로미어 연구를 하고 있다고 했더니 금방 알아보시고는 바로 질문을 하셨다. "예쁜꼬마선충의 텔로머레이즈 RNA는 찾았나요?" 생물정보학의 기법으로는 찾을 수 없을 것이라는 전망과, 텔로머레이즈 단백질 부위의 돌연변이를 가진 변이체라 하더라도 그와 결합하고 있어야 하는 RNA 부위가 분해되어 없어지거나 하는 일은 안 일어나는 것 같다는 부정적인 전망을 주셔서 그날 저녁은 무슨 맛으로 먹었는지 기억이 나지 않는다.

아무튼 나는 20년 이상을 텔로머레이즈 RNA 부위를 찾고 싶었다. 가장 전통적인 방법은 텔로머레이즈를 예쁜꼬마선충에서 생화학적으로 잘 분리해서 거기에 붙어 있는 RNA를 찾아내는 것이다. 그러기 위해서는 텔로머레이즈를 인식하는 항체가 있어서 예쁜꼬마선충을 대량으로 키워 액상 추출물을 만들어 항체를 이용하여 텔로머레이즈만 분리해 내면 될 것이다. 그런데 항체가 없다. 예쁜꼬마선충 단백질들은 생쥐나 토끼에게 그리 좋은 항원이 되지 못하는 것 같다. 다른 방법은 텔로머레이즈 단백질 유전자에 항원으로 작동하기 좋은 표지자를 달아서 예쁜꼬마선충에 발현시킨 후 그 표지자를 인식하는 항체를 이용하여 텔로머레이즈를 분리해 내는 방법이다. 그런데 예쁜꼬마선충에서는 델로머레이즈 유전자의 발현이 아주 미미하게 일어나고 있는 것 같다. 많은 시도에도 불구하고 아직도 표지자를 달아 준 텔로머레이즈를 구경도 못 했다.

이런 전통적 방법이 작동하지 않는다면 똑똑한 인공지능에게 물어보는 것이 어떨까? 어느 날 우연히 줌 세미나를 듣다가 홍콩의 젊은 교수 한 분이 RNA의 구조 예측 모델을 만들었다는 것을 들을 수 있었다. 세미나 직후 바로 연락을 취했고 몇 번의 토의를 진행한 끝에 그 교수는 예쁜꼬마선충 유전체 전체에서 RNA로 만들어질 때 매듭 구조를 만들 수 있는 부위를 수십 군데 예측해 주었다. 우리는 그 부위들 근처에 TTAGGC라는 예쁜꼬마선충 텔로미어 반복 서열의 주형이 될 수 있는 서열들을 가지고 있는 것들만 추릴 수 있었다. 이제 이 후보 유전자들을 하나씩 결실시켜 텔로미어 유지를 못 하는지만 확인하면 됐다. 아직도 없는 걸 보니 아마도 이 방법으로는 못 찾을 것 같다.

2024년 로마 학회에서 만난 체코의 한 학자는 식물과 곤충에서 텔로머레이즈 RNA를 찾아서 좋은 논문을 낸 분이었는데 우리 연구실 포스터 바로 앞에 포스터를 걸고 있었다. 나는 이분에게 우리의 희망 사항 내지는 애로 사항을 이야기하고 혹시나 도움을 받을 수 있을지 물어보았다. 두 가지 조건을 이야기하였다. 하나는 잘 밝혀진 근연종의 텔로머레이즈 RNA 유전자가 하나라도 있는지, 다른 하나는 꼬마선충 중에서 텔로미어 반복 서열이 여섯 개가 아니라 더 긴 (예를 들면 열두 개) 서열 반복을 가진 것은 없는지였다. 당연히 둘 다 없다. 한국으로 돌아오는 길에 이분에게 메일을 드렸는데 답이 없다. 아마도 안 될 것 같다. 이제 유일한 희망은 알파폴드3 이후에 나올 알파폴드4일까.

이 글을 쓰는 이 순간에도 우리 연구실에서는 여러 시도들이 진행되고 있다. 앞에서 아직 성공하지 못한 방법으로 표지된 텔로머레이즈 생산을 언급하였는데, 이번에는 생식 세포가 비정상적으로 많이 만들어지는 선충 돌연변이 개체들을 무진장 많이 키워서 대량으로 표지자를 검출해 보는 시도를 하고 있다. 다른 방법으로는 대장균에서 텔로머레이즈를 대량 생산 해서 선충의 모든 RNA와 결합시켜 남는 RNA의 서열을 분석 후 대조군과 비교해서 더 많이 검출되는 RNA가 후보가 될 것이라는 기대를 가지고 실험하고 있다. 이 책이 출간되는 시점에 우리가 멋진 결과를 손에 들고 있기를 기대해 본다.

한국 선충 프로젝트

선충은 지구상 어디에나 존재한다. 엄청난 적응력을 보이면서 새로운 종으로 진화해 왔다. 그동안 수많은 선충들이 발견되고 연구되었지만 우리나라에는 어떤 선충들이 사는지, 얼마나 독특한지 또는 보편적인지, 새로운 종은 있는지 등 알려진 바가 거의 없었다. 그나마 인삼 기생선충에 대한 보고가 오래전에 있었고(인삼공사 등에 연락해 보니 더 이상 연구하지 않았다), 일부 선충에 내한 보고가 딘편적으로 있을 뿐이었다. 우리는 한국 선충도 충분히 연구의 가치가 있다고 생각하였다.

그럼에도 우리나라 선충을 최초로 채집하러 가야겠다고 생각하고 실행에 옮기는 것이 쉽지는 않았다. 나는 전혀 현장 생물학자가 아니었고 실험실 내에서 키우는 생물에 대한 연구만 해 온 우물 안 개구리였다. 그럼에도 도전을 하게 된 것은 순전히 우리 학생들 덕분이다. 다행히 우리 연구실에 온 대학원생들은 예쁜꼬마선충뿐 아니라 선충의 진화, 나아가 생명의 진화에 관심이 많았다.

첫 행선지는 쉽게 가기로 했다. 서울대학교 생명과학부의 안광석 교수는 고려대학교에서 서울대학교로 이직해 온 동료 교수로서 내가 연세대학교에서 서울대학교로 이직해 오던 날 아주 친한 사이가 되었다. 우연치 않게 이분의 형님이 충주에서 사과 농장을 운영하고 계시다는 것을 알고 부탁을 드려 우리가 현미경 한 대를 들고 찾아간 것이 2013년의 일이다. 사과 농장에 가서 보니 친환경적이어서 생물들이 살기에 아주 좋은 환경임을 직감할 수 있었다. 썩은 사과가 바닥에 많이 떨어져 있었다. 나무에 달려 있는 사과가 아니라 땅에 떨어져 썩어 가고 있는 사과는

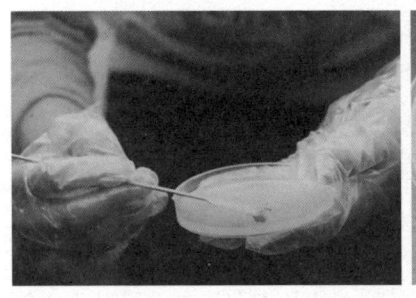

사과 농장에서 직접 선충 채집을 하는 모습

사실 사과 모양의 세균과 선충의 덩어리라고 하는 편이 더 적합하다는 생각이 들 정도로 선충이 많았다. 현미경을 가져갔으니 그 자리에서 썩은 사과 일부를 잘라 플레이트 위에 놓고 기다렸다. 대장균이 깔려 있는 자리로 많은 선충들이 기어 나오는 것을 볼 수 있었다. 우리나라에도 선충이 많다는 것을 직접 볼 수 있었던 체험 현장이었다. 그 후 다른 학생들이 전국을 다니면서 선충을 열심히 채집하였다. 제주도를 가장 자주 갔었던 것으로 기억한다. 거의 1년 동안 매월 가서 계절의 변화에 따른 선충종의 변화까지도 알아볼 수 있을 정도였다.

수많은 선충들을 채집하고 실험실에서 배양하면서 정리하니 수백 가지 품종들이 골라졌다. 그럼에도 아직 우리나라에서는 예쁜꼬마선충과 똑같은 종의 선충은 발견되지 않았다. 우리나라에는 없는 것으로 해석하는 것이 적절하다고 본다. 그 대신, 예쁜꼬마선충과 같은 속이면서 다른 종인 새로운 종을 발견하는 성과를 거두었다. 이 종은 아직 보고되지 않은 신종인데 우리나라에는 전역에 분포하고 있는 것으로 조사되었다. 암-수로 이루어진 종이고, 제주도에서도 동정되어 우리나라 고유종이라고 해도 무방하겠다. 우리의 장기적인 목표는 다양한 선충들을 찾아서 그들의 유전체 정보와 표현 형질의 차이를 엮어 내는 관계를 발견하는 것이라서, 정리되어 골라진 선충들은 전장 유전체 서열 결정을 하였다. 10년 전만 해도 상상할 수 없었던 접근 방법이지만 지금은 기술이 우리의 아이디어를 실현해 주고 있으니 대단하지 않은가.

앞으로 진행될 수 있는 연구 한 가지를 공개하자면, 새로 발견한 신종 선충의 유전체 서열 조사 결과 예쁜꼬마선충이 가지는 단일 염기 다형성(SNP)보다 열 배 정도 더 많이 가지고 있음이 밝혀졌다. SNP가 많다는 것은 새로운 돌연변이를 찾았을 때 인접한 SNP가 가까이 있을 확률이 열 배쯤 높다는 의미이다. 즉, 새로운 돌연변이의 정체를 밝히기가 열 배쯤 쉬워진다고 할 수 있겠다. 아직 시도해 보지는 않았지만 장차 이 선충이 새로운 유전학 모델로 정착할 수도 있다. 관심 있는 독자는 연락 주면 무상으로 제공해 줄 용의가 당연히 있음을 밝혀 둔다.

연평고등학교의 드림렉처 현장에서
연평도 선충을 직접 보여 주고 있다

연평도는 세계 속의 섬이다

2024년 가을 연평도에 강연을 하러 갈 기회가 있었다. 한국고등교육재단의 드림렉처 중 하나였는데 선충 강연을 할 수 있겠냐는 문의에 당연히 갈 수 있다고 했다. 한국고등교육재단은 SK 그룹의 설립자 최종현 선대 회장이 1970년대에 우리나라의 미래는 인재 육성에 있다는 철학하에 해외 유학을 가는 인재들을 전폭적으로 지원하기 위해 만든 장학 재단이다. 2024년에 창립 50주년을 기념하는 행사들이 있었고 그중 하나가 연평도에서 열린 강연이었다. 나도 이 재단의 유학 장학생으로 혜택을 받았고 그 보답으로 드림렉처라고 부르는 강연 프로그램에 참여하고 있었는데 연평도까지 갈 기회가 생긴 것이었다.

내 강연은 언제나 기승전예쁜꼬마신충이다. 생물학의 아름다움과 신비함을 이야기할 때 예쁜꼬마선충으로 예를 든다. 이번에는 조금 특별하게 연평도에 전시되어 있는 참수리호 근처의 꽃밭에서 채집한 선충을 강연에서 현미경으로 직접 보여 주었다. 사실 선충은 지구상 어디에든 있다. 그 선충을 서울대학교 연구실로 가져와서 유전체 분석을 진행하였다. 신종은 아니었고, 유럽 등 세계 각국에서 발견되는 꼬마선충 중 한 가지인 *Oscheius tiplulae*였다. 연평도가 동떨어진 서해의 작은 섬 같아 보이지만 세계 속의 섬임을 꼬마선충을 통해 확인할 수 있었다. 실제로 계통도를 분석해 보니 중국에서 채집된 종, 필리핀에서 채집된 종과 가장 가까운 것으로 조사되었다.

우리 연구실에는 다른 학생이 울릉도에서 채집해 온 동일한 종의 선충도 있어서 그 선충의 유전체도 조사하였더니 흥미롭게도 일본에서 채집된 것과 가장 유사한 것으로 나왔다. 서해와 동해는 전혀 다른 환경에 처해 있다고 결론 내릴 수밖에 없었다. 서해는 중국, 동해는 일본과 마주하고 있는 정치 사회적 환경과도 유사하지 않은가. 꼬마선충은 태초부터 있었고 지구상 어디에나 존재한다. 조금씩의 차이와 유사성을 갖추고 있으면서!

예쁜꼬마선충, 과학 대중화의 선봉에 서다

우리 연구실이 닉테이션 연구를 『네이처 신경과학』에 게재한 후 여러 곳에서 세미나를 통해 이 흥미로운 연구 내용을 발표하는 기회를 가졌다. 그중 내 강연을 유의 깊게 들은 조선대학교 조은희 교수가 어느 날 전화를 걸어 왔다. 과학을 한다는 것은 어떤 것인가에 대해 교육용 다큐멘터리 영화를 만들고 싶은데 우리 연구실의 닉테이션 연구 과정이 과학적으로 흥미롭고 즐거울 것이 확실하니 함께 하자는 것이었다. 연구실 사람들과 의논해 보니 다들 흔쾌히 시간을 쓸 마음의 준비가 되어 있었다. 제작비와 제작진 등 모든 과정을 조은희 교수가 준비하였고, 우리는 배우로 참여하였다. 일주일 동안 제작진이 우리 연구실로 와서 하루 열두 시간을 촬영하였고 그 내용들을 편집하여 30분짜리 영화가 완성되었다. 제목은 〈과학자로 산다는 것〉. 시작할 때는 다큐멘터리였는데 촬영을 하다 보니 우리는 재연 배우 역할을 해야 했다. 그런 일을 해 본 적이 없는 엉터리 배우였으니 제작진의 노고가 정말 컸을 것이다. 중간에 나는 테니스 코트에서 테니스 치는 장면까지 촬영당했다. 연구를 하다 머리가 아프고 힘들면 하는 일이 무어냐고 하셔서 테니스로 스트레스를 푼다고 했더니 그 장면이 영화에 들어가게 된 것이었다. 당시 대학원생들이 요가를 한다거나 줄넘기를 하는 장면도 있었는데 최종 편집본에서 요가 장면은 빠진 것 같고 줄넘기 장면은 남아서 아직도 인구에 회

유튜브에 공개되어 있는 〈과학자로 산다는 것〉의 한 장면.
15년 가까이 되었지만 여전히 볼 만하다

자되고 있다.

    이 영화가 우리나라 과학 교육용 다큐멘터리 영화의 처음이자 마지막이 아닐까 싶다. 아무튼 이 영화로 인해 많은 사람들이 예쁜꼬마선충을 알게 되었고, 과학이라는 힘들지만 멋진 과정을 이해할 수 있었다는 자부심을 가진다. 조은희 교수는 이후 어느 대학의 강의에서 이 다큐를 보기 전과 후에 학생들이 과학을 생각하는 태도에 대한 설문 조사를 실시하고 분석하여 국제 학술지에 게재하였다. 우리는 그 논문의 재료가 되었으니 논문을 쓰는 저자의 역할은 많이 했지만 재료가 되기는 처음이자 마지막이었다. 지금도 검색하면 그 영화가 뜬다. 젊었을 때의 우리의 모습이 어색하기는 하지만 내용만큼은 여전히 따뜻하고 즐거운 기억을 떠올리기에 충분하다.

일주일간의 촬영 과정을 겪으면서 우리 연구실 사람들의 인식에도 변화가 왔던 것이 아닌가 하는 생각을 한다. 왜냐하면 그 당시 대학원 학생들이었던 다섯 명의 제자들이 힘을 합쳐 『벌레의 마음』이라는 책을 출간한 것이다. 일간 신문의 과학 코너에 연재하는 글쓰기를 다섯 명이 함께 진행하였는데 내용들이 아주 흥미로워서 출판사에서 제안을 해 왔다고 들었다. 나는 과학 대중서를 써 본 적이 없는데 내 제자들이 처음으로 선충의 이야기를 책으로 엮어 냈으니 청출어람이 아닐 수 없다. 우리가 과학을 스스로 열심히 하는 것은 학자의 본분이지만, 그 과학의 아름다움을 사회에 알리는 일 또한 학자의 본분에 속한다. 우리 연구실은 그 마인드를 장착하고 연구에 임한다. 이후 다른 제자는 『쓸모없는 것들이 우리를 구할 거야』라는 베스트셀러 책을 출간하기도 했다. 나는 서가명강이라는 강연 시리즈 책을 처음으로 냈는데, 이렇게 과학 대중화를 위해 나름 노력한 보람을 여기저기서 느낄 수 있어서 그동안의 노력이 헛되지는 않았다고 믿는다. 대중의 지지가 있어야 기초과학도 의미를 가지게 된다. 불러 주었을 때 비로소 이름을 가지게 되는 것처럼. 인터넷에서 예쁜꼬마선충과 내 이름으로 검색되는 다양한 콘텐츠들을 살펴보다 보면 선충의 아름다움, 생명의 신비, 그리고 그것을 풀어 가는 생물학자의 멋진 여행을 느끼실 것이라 확신하므로 독자 여러분께 강력히 권장한다.

이제 이 책을 마무리하면서 초심으로 돌아가 나의 처음 좌충우돌 시절을 되돌아본다. 감사한 마음이 한가득이다. 아이 하나 키우는 데 온 마을이 필요하다고 했던가. 쓸 만한 교수 한 사람 키워 내는 데도 똑같다고 생각한다. 박사학위를 마친 후 한국으로 돌아오는 과정에서부터 연구실 시작과 첫 논문을 내기까지 엄청난 행운과 많은 사람들의 도움이 있었다. 그 도움들이 없었다면 절대로 이룰 수 없는 일이었다. 그런 의미에서 나의 교수로 살아남기 행보는 연속된 행운의 산물이다.

캘리포니아주립대학교 버클리캠퍼스에서 박사후연구원으로 연구를 시작하면서 박사과정 동안에는 발생에 대한 공부를 했으니 이제는 신경생물학을 공부해야겠다고 결심했다. 그래야 한국에 돌아가면 발생과 신경계라는 예쁜꼬마선충의 연구에서 장점을 살릴 수 있을 것이기 때문이었다. 게다가 당시 한국에는 예쁜꼬마선충 연구자가 아무도 없었다. 약 6개월 정도 열심히 SNAP-25라는 신경계에서 중요한 역할을 하는 유전자를 예쁜꼬마선충에서 찾고 막 박차를 가하려고 하는 때에, 연세대학교 생물학과의 교수님이 교수 채용 계획 소식과 함께 교원 임용 지원서를 특급 우편으로 보내 주셨다. 그 전해에 박사학위 취득 직후 박사후연구원 경력도 전혀 없이, 아무런 준비 없이 임용 원서를 냈다가 낙방했던 연세대학교였고, 이제는 박사후연구원으로 열심히 연구력을 키워야겠다는 생각에 한국에 대해서는 생각을 접고 있었던 터인데 너무나 감사하게도 먼저 연락을 해 주신 것이었다. 열심히 원서를 썼고 인터뷰를 통해 기적처럼 연세대학교 생물학과에 조교수로 임용되었다. 교수 임용 인터뷰를 갔을 때가 캠퍼스에 들어가 본 첫날이었다.

교수로 임용된 후 제대로 된 교육과 연구를 하기 위해서는 스스로 많은 준비가 되어 있어야 할 뿐 아니라 공간, 연구비, 그리고 가장 중요한 대학원 학생이 갖추어져야 한다. 스스로의 준비를 위해서 요청드렸더니 연세대학교는 한 학기 임용 유예라는 당시에는 보기 드문 조치를 취해 주셨고, 그 기간 동안 어떤 연구를 할지 고민하면서 강의를 어떻게 할지도 함께 고민하였다. 발생유전학이 전공이라고는 했지만 실제로 수업을 들어 본 적이 없어서 강의가 걱정이었다. 다행히 버클리캠퍼스 생물학과에 저명한 발생학자들이 팀 티칭으로 발생학 강의를 진행하고 있었고, 그중 한 분인 게르하르트 교수님을 찾아가서 자초지종을 말씀드리며 청강을 요청하니 흔쾌히 허락해 주셨다. 모든 강의 자료와 내용을 챙길 수 있었고, 연세대학교 생물학과에서의 발생학 강의 준비는 그렇게 완성되었다.

1995년 8월에 귀국하여 곧바로 연세대학교에 나가기 시작했다. 아직 연구실이 준비되어 있지 않았지만 감사하게도 생물학과에서 가장 고참인 교수님께서 은퇴에 맞추어 방을 비워 주셨고(이전에는 한두 학기 정도 연구실을 더 쓰셨다고 들었다), 그 방을 연구실 겸 실험실로 쓸 수 있었다. 그리고 학과 공동 기기실 중 한쪽을 비워서 예쁜 꼬마선충 연구실을 만들어 주셨다. 부임을 하고서는 정부의 대학원 지원 사업이 시작되어 미세 주입을 위한 고가 현미경 장비 등을 비교적 쉽게 장만할 수 있었다. 그전에는 장비가 없어서 미국에 가서 실험을 해야 했다. 몇 년이 지난 후에는 대학에서 새로운 건물도 지을 수 있었고 아주 그럴듯한 연구실과 실험실을 갖출 수 있었으니 행운의 연속이었다.

처음으로 학생을 한 명 받았는데 그때는 연구실이 아직 준비되기 전이어서 교수 사무실에 그 학생과 내가 같이 앉아서 연구를 했다. 학과에서 내가 부임하기 전에 미리 현미경을 한 대 준비해 주어서 그것으로 선충을 볼 수 있어 다행이었다. 그리고 당시에 과학 재단에서 한미 공동 연구 과제가 있어서 열심히 학생과 썼던 기억이 아직도 생생하다. 내가 영어로 과제를 쓰고 학생이 우리말로 번역하는 식으로 진행하면서 어떤 연구를 할 것인지 익히는 기회로 삼았다. 연구비를 처음으로 성공적으로 수주하였다. 그럼에도 안타깝게 내 첫 학생은 한 학기 정도 지나고 적성에 맞지 않는다고 대학원을 떠났다. 두고두고 내가 지도 교수로서 부족한 점이 많아서 그랬다는 후회와 반성을 했다. 20년이 지나고 이 학생을 다시 만날 수 있어서 그런 오해들은 풀 수 있어서 다행이었다. 그러고는 91학번 학생들이 네

명이나 연구실에 합류했다. 이들이 우리 연구실의 창단 멤버라고 할 수 있다. 그들을 이은 인재들이 속속 연구실에 합류하였고 연구실은 당당히 튼실한 연구력을 갖추어 갈 수 있었다.

초기에는 연구실 운영의 경험도 없고 배운 적도 없으니 어떻게 해야 잘하는 것인지 걱정이 많았다. 학생들과 허심탄회 치맥을 하면서 토의하였고 반영하기 위해 노력하였다. 신촌 거리 안쪽에 있던 모아치킨이라는 신촌 최고의 후라이드치킨과 생맥주를 제공하는 집이었다. 언젠가 문을 닫았다는 소식을 듣고 많이 아쉬워했던 기억이 새롭다. 아무튼, 최선인지는 알 수 없지만 내가 할 수 있는 용량의 한도에서는 최대한 집단 지성을 모아 보려고 했던 젊은 시절이었다. 다른 연구실의 대학원생들도 자연스럽게 많이 만나게 되었고, 30년이 지난 지금도 뉴욕에 가면 연세대학교 생물학과 출신 모임이 있어 이들과 옛날 이야기를 나누며 즐거운 맥주 파티를 하곤 한다. 가장 작은 연구실을 가졌을 때부터 꼭 마련하고 싶었던 것은 동그란 탁자 하나였다. 이 탁자를 중심으로 사람들이 모여 앉아서 밥도 같이 먹고 다양한 아이디어도 나눌 수 있어서 그것이 연구실의 동력으로 승화되었다. 30년이 지난 지금도 내 사무실에는 이 동그란 탁자가 놓여 있다.

연구비의 면에서도 많은 도움을 받았다. 앞서 말한 한미 국제 공동 연구는 나름 열심히 써서 능력껏 받은 것이라면, 약간은 호혜성 연구 과제 참여도 있었다. 큰 연구단이 꾸려질 때 예쁜꼬마선충도 한 꼭지 참여하는 것이 필요했는데, 당시에 예쁜꼬마선충 연구자는 한 손으로 꼽을 수준이었기 때문에 운 좋게 경쟁 없이 연구단에 참여할 수 있었다. 다른 연구비의 경우에는 예비 결과도 없이 흥미로운 아이디어만으로 제안했음에도 미래를 인정해 주신 심사자도 있었다. 실패도 많았지만 성공한 연구비의 경우도 다 운이 좋아서 그랬던 것 같다. 내가 운이 좋아 받았으면 못 받은 분들도 있었을 것이니 죄송한 마음이 그때에도 있었고 지금도 마찬가지다.

한 가지 더, 선배 교수님들의 배려를 잊을 수가 없다. 임용 인터뷰를 마치고 운 좋게 임용의 절차를 밟게 되었을 때 당시의 학과장님께서 전화를 미국으로 주셨다. 혹시 석사과정에서 공동 저자로 이름이 들어간 논문이 하나라도 더 없는지 물어보셨다. 나는 석사과정 동안 연구는 열심히 했지만 그 결과로 논문을 게재한다는 생각은 해 본 적이 없었기에 있을 리가 없다고 말씀드렸다. 약간 짜증 나신 학과장님 목소리가 걱정되었지만 지나고 나서 대학 본부에 임용 서류를 낼 때 논문의 수가 충분하면 연구 능력이 객관적으로 입증이 되는데, 그렇지 않은 경우라 질적인 우수성을 강조하셔야 하는 상황이어서 힘들게 그 과정을 다 챙겨 주신 것이었음을 알 수 있었다. 그러고도 모자라 나는 조교수 시절에 겁도 없이 이왕에 논문을 낼 거면 좋은 논문만 내겠다고 큰소리쳤다. 그런 애송이를 선배 교수님들은 전폭적으로 지지해 주셨다. 심지어 재임용을 받아야 하는 상황에서도 논문 한 편 없이 믿어 달라고 큰소리만 쳤다. 실제로는 선배 교수님들이 이 사람을 재임용해 달라는 탄원서 비슷한 서류에 연명을 해서 두 번이나 내셨음을 나중에 알게 되었다. 얼마나 무모했던지. 이런 무모한 애송이를 묻지도 따지지도 않고 지지해 주신 덕분에 첫 논문을 『미국학술원회보(PNAS)』에 낼 수 있었다. 요즘 같으면 재임용 탈락을 해도 두 번은 했을 것이다. 저 PNAS 논문도 사실은 운이 좋아 얻은 것이나 다름없다. 삼성생명과학연구소에서 초파리 연구를 하고 있던 친구가 같은 주제를 선충에서도 해 보자는 제안을 했고, 그 연구실의 박사후연구원과 우리 연구실의 석사과정 학생이 공동 1저자로 연구를 해서 공동 교신으로 PNAS에 논문을 낼 수 있었으니, 공동 1저자와 공동 교신 저자의 노력과 능력에 힘입어 나는 거저 얻어먹었다. 그 논문으로 부교수 승진도 했으니 운칠기삼의 대표적 사례가 아닐까 싶다. 이 자리를 빌려 모든 분들께 감사드린다. 나도 앞으로라도 베풀면서 살아야지 싶다. 그리하여 과거가 현재를 도우고 미래를 구할 수 있도록 해야겠다.

나가며:
민주주의 그리고 기초과학

이 글을 마무리하는 시점이 공교롭게도 우리나라와 전 세계가 예측 불가능의 시간에 빠져 있는 때다. 미국에서는 관세를 때렸다 없앴다를 반복하면서 확실한 것은 불확실성밖에 없다는 이야기가 나올 정도다. 도처에서 전쟁이 그치지 않고 있다. 우리나라도 헌법의 가치를 지키느냐 마느냐의 기로에 서 있다. 이런 시급한 와중에 기초과학, 그중에서 생명과학, 그중에서도 하찮은 선충 이야기라니. 내가 기고한 글의 제목 중 하나는 「비상계엄과 민주주의, 그리고 기초과학」이었다. 민주주의가 확고하지 않으면 기초과학도 지킬 수 없다는 절박한 신념을 담았다. 다양성은 생명의 기본이듯 사회의 근본이기도 하다. 민주주의의 근본도 당연히 다양성을 기반으로 한 합리적·상식적 합의라고 하겠다. 기초과학도 다양성을 기반으로 수월성을 추구하여야 한다.

    이 책은 생명과학의 한편에 있는 예쁜꼬마선충에 관한 편협한 스토리이지만 생명과학, 나아가 기초과학의 다양성을 넓히는 데 조금이라도 기여할 수 있다면 목적을 달성한 것이라 생각한다. 끝까지 인내를 가지고 읽어 주신 독자들께 감사드리고, 예쁜꼬마선충의 연구가 앞으로 30년 아니 100년 넘게 멋지게 지속될 것을 믿으면서 미래의 동료들에게 응원의 박수를 보내고, 앞서 소개한 내 글 일부를 인용하면서 마친다.

민주주의와 우리나라의 기초과학. 멀어 보이지만 사실은 한 뿌리다. 아름드리나무가 깃털처럼 가벼운 싹에서부터 나오는 것이고 어떤 싹이 아름드리나무로 자랄지 모르기 때문에 수많은 씨앗을 뿌리고 가꾸어야 그중에서 아름드리나무가 나오는 것인데, 씨앗도 심지 않고 아름드리나무를 기대한다면 그런 엉터리 기대가 또 있겠는가. 이는 기초과학이나 풀뿌리 민주주의에 다 적용되는 상식적인 이치이다. 우리나라는 선진국이다. 당당하고 자랑스럽게 다양한 크고 작은 기초과학 지원을 계속해야 하는 이유다. 민주주의의 기본이 다양성인 것과 마찬가지로 기초과학도 다양성에 뿌리를 두고 있다. 민주주의가 기초과학을 꽃피게 할 것이다. 여기서 현실적으로 중요한 것은 기초과학에 대한 인식의 변화이다. 예산을 배정하는 정부와 국회가 투자 대비 효과가 부족하니 투자를 더 할 이유가 없는 거 아닌가라는 인식을 가진다면 심지어 위험하기까지 하다.

봄이 오면 새로운 정부가 새롭게 일을 시작하게 될 것이다. 새 술은 새 부대에 담는다고 하겠지만, 꼭 잊지 않아야 할 것은 그 새 부대에 술이 아니라 독을 담아서는 안 될 것이라는 점이다. 새로운 정부의 기초과학 R&D 정책에서 내용도 중요하지만 정말 중요한 것은 상식에 근거한 예측 가능한 정책을 수립하고 실행하는 것이다. 다시는 비상계엄이 아니라 상식에 기초한 기본에 충실해야 함을 더욱 간절하게 느끼게 되는 새로운 날이다.

참고 문헌

1. van den Hoogen J, Geisen S, Routh D, Ferris H, et al. (2019) Soil nematode abundance and functional group composition at a global scale. *Nature.* ; 572(7768):194-198. doi: 10.1038/s41586-019-1418-6. Epub 2019 Jul 24. PMID: 31341281.
지구적 관점에서 바라본 선충에 대한 보고

2. Brenner S. (2003) Nobel lecture. Nature's gift to science. *Biosci Rep.* 23(5-6):225-37. doi: 10.1023/b:bire.0000019186.48208.f3. PMID: 15074543.
시드니 브레너 경의 노벨상 수상 강연

3. Sulston JE. (2003) *Caenorhabditis elegans*: the cell lineage and beyond (Nobel lecture). *Chembiochem.* 4(8):688-96. doi: 10.1002/cbic.200300577. PMID: 12898618.
존 설스턴 경의 노벨상 수상 강연

4. Horvitz HR. (2003) Worms, life, and death (Nobel lecture). *Chembiochem.* 4(8):697-711. doi: 10.1002/cbic.200300614. PMID: 12898619.
로버트 호비츠 교수의 노벨상 수상 강연

5. Fire A, Xu S, Montgomery M et al. (1998) Potent and specific genetic interference by double-stranded RNA in *Caenorhabditis elegans*. *Nature* 391, 806-811. https://doi.org/10.1038/35888
노벨생리의학상을 수상한 RNA 간섭 현상을 보고한 최초의 논문

6. Charfie M, Tu Y, Euskirchen G, et al. (1994) Green Fluorescent Protein as a Marker for Gene Expression. *Science* 263, 802-805. DOI: 10.1126/science.8303295
노벨화학상을 수상한 녹색 형광 단백질에 대한 최초의 논문

7. Lee RC, Feinbaum RL, Ambros V. (1993) The *C. elegans* heterochronic gene *lin-4* encodes small RNAs with antisense complementarity to lin-14. *Cell* 75(5):843-54. doi: 10.1016/0092-8674(93)90529-y. PMID: 8252621.
발생의 시간을 조절하는 *lin-4* 유전자가 마이크로RNA임을 밝힌 최초의 논문

8. Wightman B, Ha I, Ruvkun G. (1993) Posttranscriptional regulation of the heterochronic gene *lin-14* by *lin-4* mediates temporal pattern formation in *C. elegans*. *Cell* 75(5):855-62. doi: 10.1016/0092-8674(93)90530-4. PMID: 8252622.
lin-4 마이크로RNA가 *lin-14* mRNA에 결합하여 발현을 조절한다는 것을 밝힌 논문

9. Kenyon C, Chang J, Gensch E, et al. (1993) A *C. elegans* mutant that lives twice as long as wild type. *Nature* 366, 461–464. https://doi.org/10.1038/366461a0

10. Joeng KS, Song EJ, Lee KJ, Lee J. (2004) Long lifespan in worms with long telomeric DNA. *Nat Genet*. 36(6):607-11. doi: 10.1038/ng1356.
예쁜꼬마선충에서 텔로미어를 길게 만들어 개체의 수명이 길어짐을 보고한 논문

11. Cho SC, Park MC, Keam B, Choi JM, Cho Y, Hyun S, Park SC, Lee J. (2010) DDS, 4,4'-diaminodiphenylsulfone, extends organismic lifespan. *Proc Natl Acad Sci U S A*. 107(45):19326-31. doi: 10.1073/pnas.1005078107. PMID: 20974969
한센병 항생제인 DDS가 동물의 피루브산 카이네이즈의 활성을 낮추어 개체 수준에서의 수명 연장 효과를 낸다는 것을 밝힌 논문

12. Hedgecock EM, Russell RL. (1975) Normal and mutant thermotaxis in the nematode *Caenorhabditis elegans*. *Proc Natl Acad Sci U S A*. 72(10):4061-5. doi: 10.1073/pnas.72.10.4061. PMID: 1060088.
예쁜꼬마선충이 자란 온도를 기억한다는 사실과, 그런 일을 하지 못하는 돌연변이를 찾았다는 것을 보고한 논문

13. Chalfie M, & Sulston J (1981) Developmental genetics of the mechanosensory neurons of Caenorhabditis elegans. *Developmental biology* 82(2), 358-370.
터치에 반응하는 뉴런과 돌연변이 동정에 대한 보고 논문

14. Sternberg PW, Horvitz HR. (1981) Gonadal cell lineages of the nematode Panagrellus redivivus and implications for evolution by the modification of cell lineage. *Developmental Biology* 88(1):147–166. doi:10.1016/0012-1606(81)90226-8. ISSN 0012-1606. PMID 7286441.
스턴버그 교수의 박사논문 내용 중 일부를 정리한 논문으로 *P. redivivus* 선충의 세포 계보를 규명하고 비교하여 발생학적으로 고찰한 논문

15. Han M, Sternberg PW. (1990) *let-60*, a gene that specifies cell fates during *C. elegans* vulval induction, encodes a ras protein. *Cell* 63(5):921-31. doi: 10.1016/0092-8674(90)90495-z. PMID: 2257629.
let-60 유전자가 *ras*임을 증명한 논문으로 MIT 연구 팀과 동일한 결과를 얻어 경쟁적으로 논문을 발표함

16. Beitel G, Clark S. & Horvitz H. (1990) *Caenorhabditis elegans ras gene let-60 acts as a switch in the pathway of vulval induction.* Nature 348, 503–509. https://doi.org/10.1038/348503a0
let-60 유전자가 *ras*임을 증명한 논문으로 캘리포니아공과대학교 연구팀과 동일한 결과를 얻어 경쟁적으로 논문을 발표함

17. Horvitz H, Sternberg P. (1991) Multiple intercellular signalling systems control the development of the *Caenorhabditis elegans* vulva. Nature 351, 535–541. https://doi.org/10.1038/351535a0
MIT와 캘리포니아공과대학교의 교수 두 분이 힘을 모아 쓴 총설 논문. *let-60* 연구 결과 발표 문제로 불편해진 관계를 이 총설을 씀으로써 해소하게 됨

18. Lee J, Jongeward GD, Sternberg PW. (1994) *unc-101, a gene required for many aspects of Caenorhabditis elegans development and behavior, encodes a clathrin-associated protein.* Genes Dev. 8(1):60-73. doi: 10.1101/gad.8.1.60. PMID: 8288128.
unc-101 유전자가 예쁜꼬마선충의 EGF 신호 전달에 중요하고 포유류까지 보존된 단백질의 유전자임을 밝힌 논문

19. Cho SW, Lee J, Carroll D, Kim JS, Lee J. (2013) Heritable gene knockout in Caenorhabditis elegans by direct injection of Cas9-sgRNA ribonucleoproteins. Genetics 195(3):1177-80. doi: 10.1534/genetics.113.155853. Epub 2013 Aug 26. PMID: 23979576; PMCID: PMC3813847.
예쁜꼬마선충에서도 Cas9 단백질과 RNA의 복합체로 구성된 유전자 가위를 이용하여 특정 유전자를 편집할 수 있음을 증명한 최초의 논문

20. Jeong PY, Jung M, Yim YH, Kim H, Park M, Hong E, Lee W, Kim YH, Kim K, Paik YK. (2005) Chemical structure and biological activity of the *Caenorhabditis elegans* dauer-inducing pheromone. *Nature* 433(7025):541-5. doi: 10.1038/nature03201. PMID: 15690045.
예쁜꼬마선충 페로몬 구조를 밝힌 논문

21. Hong M, Choi MK, Lee J. (2008) The anesthetic action of ethanol analyzed by genetics in *Caenorhabditis elegans*. *Biochem Biophys Res Commun.* 367(1):219-25. doi: 10.1016/j.bbrc.2007.12.133. Epub 2007 Dec 31. PMID: 18167306.
예쁜꼬마선충에서 술에 취하지 않는 돌연변이를 찾아 알코올의 마취제로서의 작동 기전을 밝히고자 도전한 논문으로 유전자 이름을 '주당'이라 명명함

22. Lee H, Choi MK, Lee, D et al. (2012) Nictation, a dispersal behavior of the nematode *Caenorhabditis elegans*, is regulated by IL2 neurons. *Nat Neurosci* 15, 107–112. https://doi.org/10.1038/nn.2975
히치하이킹 행동인 닉테이션이 어떻게 그리고 왜 일어나는지를 증명한 논문

23. Lee D, Yang H, Kim J et al. (2017) The genetic basis of natural variation in a phoretic behavior. *Nat Commun* 8, 273. https://doi.org/10.1038/s41467-017-00386-x
영국과 하와이 선충이 닉테이션의 빈도가 다름을 이용하여 그 차이를 나타내게 하는 유전자를 찾아낸 논문. piRNA가 행동을 조절함을 보인 최초의 논문

24. Yang H, Lee D, Kim H, Cook DE, Paik YK, Andersen EC, Lee J. (2024) Glial expression of a steroidogenic enzyme underlies natural variation in hitchhiking behavior. *Proc Natl Acad Sci U S A.* 121(28):e2320796121. doi: 10.1073/pnas.2320796121. Epub 2024 Jul 3. PMID: 38959036; PMCID: PMC11252821.

전 세계에 분포하고 있는 다양한 예쁜꼬마선충 품종들을 조사하여 닉테이션 행동을 조절하는 새로운 유전자를 동정함. 단백질의 구조 자체가 아니라 언제 어디에서 발현되는가에 따라 형질이 정해질 수 있다는 것을 증명한 논문

25. Ahn S, Yang H, Son S, Lee HS, Park D, Yim H, Choi HJ, Swoboda P, Lee J. (2022) The *C. elegans* regulatory factor X (RFX) DAF-19M module: A shift from general ciliogenesis to cell-specific ciliary and behavioral specialization. *Cell Rep.* 39(2):110661. doi: 10.1016/j.celrep.2022.110661. PMID: 35417689.

예쁜꼬마선충의 닉테이션에 필요한 IL2 뉴런이 그 기능을 하기 위해서는 *daf-19M*이라는 특별한 유전자가 필요함을 밝힌 논문으로 유전자 전체가 아니라 유전자의 스플라이싱이 달라짐으로써 형질이 달라질 수 있음을 증명함

26. Yim H, Choe DT, Bae JA, Choi MK, Kang HM, Nguyen KCQ, Ahn S, Bahn SK, Yang H, Hall DH, Kim JS, Lee J. (2024) Comparative connectomics of dauer reveals developmental plasticity. *Nat Commun.* 15(1):1546. doi: 10.1038/s41467-024-45943-3. PMID: 38413604; PMCID: PMC10899629.
다우어가 다른 발생 단계와는 커넥톰의 수준에서 달라져 있음을 커넥톰 비교 연구를 통해서 밝힌 논문

27. Bryan TM, Englezou A, Gupta J, Bacchetti S, Reddel RR. (1995) Telomere elongation in immortal human cells without detectable telomerase activity. *EMBO J.* 14(17):4240-8. doi: 10.1002/j.1460-2075.1995.tb00098.x. PMID: 7556065; PMCID: PMC394507.
텔로머레이즈 효소의 활성이 없음에도 텔로미어가 짧아지지 않는 인간 세포에 대한 최초의 보고

28. Seo B, Kim C, Hills M, Sung S, Kim H, Kim E, Lim DS, Oh HS, Choi RMJ, Chun J, Shim J, Lee J. (2015) Telomere maintenance through recruitment of internal genomic regions. *Nat Commun.* 6:8189. doi: 10.1038/ncomms9189. PMID: 26382656; PMCID: PMC4595603.
예쁜꼬마선충에서 텔로머레이즈 없이도 텔로미어가 유지되는 기전을 밝힌 최초의 논문

29. Kim C, Sung S, Kim JS, Lee H, Jung Y, Shin S, Kim E, Seo JJ, Kim J, Kim D, Niida H, Kim VN, Park D, Lee J. (2021) Telomeres reforged with non-telomeric sequences in mouse embryonic stem cells. *Nat Commun.* 12(1):1097. doi: 10.1038/s41467-021-21341-x. PMID: 33597549; PMCID: PMC7889907.
예쁜꼬마선충에서 밝힌 대안적 텔로미어 유지 기전이 생쥐에서도 작동함을 밝혀 1유형 ALT가 포유류에서도 작동함을 밝힌 최초의 논문

30. Kim S.Y, Yi S.W & Cho E.H (2014) Production of a Science Documentary and its Usefulness in Teaching the Nature of Science: Indirect Experience of How Science Works. *Sci & Educ* 23, 1197–1216 https://doi.org/10.1007/s11191-013-9614-5
〈과학자로 산다는 것〉 다큐멘터리를 활용한 과학의 본질 교육에 대한 논문